U0262006

重庆工商大学科研启动项目“中国社会主义生态文明建设路径研究”成果

教育部人文社会科学重点基地重大课题“长江上游地区产业转型升级研究”（16JJD790063）阶段性成果

重庆高校人文社会科学研究项目“习近平生态文明思想及重庆的实践研究”（17SKG095）阶段性成果

重庆工商大学出版基金资助出版

中国特色社会主义生态文明思想研究

龙睿赟　著

Zhongguo Tese Shehuizhuyi Shengtai Wenming Sixiang Yanjiu

中国社会科学出版社

图书在版编目(CIP)数据

中国特色社会主义生态文明思想研究／龙睿赟著．—北京：中国社会科学出版社，2017.8

ISBN 978－7－5161－9227－6

Ⅰ.①中…　Ⅱ.①龙…　Ⅲ.①中国特色社会主义—生态环境建设—研究　Ⅳ.①X321.2

中国版本图书馆CIP数据核字(2016)第266537号

出 版 人　赵剑英
责任编辑　田　文
特约编辑　陈　琳
责任校对　张爱华
责任印制　王　超

出　　版　中国社会科学出版社
社　　址　北京鼓楼西大街甲158号
邮　　编　100720
网　　址　http://www.csspw.cn
发 行 部　010－84083685
门 市 部　010－84029450
经　　销　新华书店及其他书店

印　　刷　北京君升印刷有限公司
装　　订　廊坊市广阳区广增装订厂
版　　次　2017年8月第1版
印　　次　2017年8月第1次印刷

开　　本　710×1000　1/16
印　　张　14
插　　页　2
字　　数　202千字
定　　价　59.00元

前　言

人类面临的最基本关系是人与自然的关系，人与自然关系的不断调整构成了不同形态的人类文明。人类对人与自然关系的认识经历了两次飞跃。第一次飞跃发生在工业文明时期。这一时期，由于生产力和科学技术的发展，人类视征服、支配生态自然为发展的标志，形成人主导下的人与自然异化关系。第二次飞跃发生在工业文明与生态文明的交替时期。在经受了传统工业文明带来的生态代价后，人类开始重新审视人与自然的关系。人与自然共生共存，自然生态的永续发展是人类社会可持续发展的基础。只有将人与自然置于和谐、统一的关系中，才能建立起相互尊重、共同发展的局面，从而整体推进人类文明。生态文明理念的形成、生态文明建设的实践是人类对人与自然关系认识第二次飞跃的标志性成果。

新中国成立以来，党和国家十分重视生态环境保护。1987 年，生态农业科学家叶谦吉针对我国生态环境趋于恶化的态势，呼吁"大力提倡生态文明建设"，引起了社会的共鸣。之后，生态文明建设逐步进入治国理政的视野，中国特色社会主义生态文明思想逐步形成、成熟。在经济新常态下，认识新常态、适应新常态、引领新常态，是当前和今后一个时期我国经济发展的大逻辑。从经济与生态的关系看，环境变化是经济发展的客观规律。加快推进生态文明建设，既是适应新常态的必然要求，又能为经济社会发展注入新动力。生态文明建设如何既适应新常态，又进入自身发展的新常态，是亟须研究的理论和现实问题。系统研究中国特色社会主义生态文明思想的渊源、形成、内容、实践及发展路径，是解决这一问题的关键。

党的十八大以来，在“五位一体”总布局和“美丽中国”目标的指引下，生态文明建设摆在了新的历史高度。党在十八届三中全会提出“深化生态文明体制改革”的目标，在十八届四中全会提出“用严格的法律制度保护生态环境”。2015 年 4 月，中共中央国务院发布《关于加快推进生态文明建设的意见》，落实生态文明建设总体部署。党和国家对生态文明建设的推进，为中国特色社会主义生态文明思想的升华提供了良好的基础。

习近平总书记对生态文明建设提出了一系列新思想、新论断、新要求，进一步升华了中国特色社会主义生态文明思想。“生态兴则文明兴，生态衰则文明衰”，从人类文明发展的宏阔视野把握生态文明建设的价值；“保护生态环境就是保护生产力，改善生态环境就是发展生产力”，破解了经济发展和环境保护的“两难”悖论；“良好生态环境是最公平的公共产品，是最普惠的民生福祉”，符合历史唯物主义，是理性的人类中心主义的表现。

站在历史的高度俯瞰，生态文明是人类文明进程推进的必然。马克思恩格斯的生态文明思想表明，解决人与自然矛盾的根本途径在于变革资本主义生产方式，同时实现人与自然、人与人之间关系的“两个和解”。中国特色社会主义生态文明是生态文明同社会主义制度的结合，体现了在社会主义制度下建设生态文明的优势。中国特色社会主义生态文明思想和实践始终围绕生产力发展的主线演进，始终以满足人民的实践需要为目标，体现了社会主义的本质特征。

社会主义与生态文明有天然的契合性，然而社会主义初级阶段受生产力水平所限，生态文明理论和实践的发展还存在各种问题。在理论上厘清生态文明与市场经济、工业文明与生态文明的关系，找到生态建设融入经济、政治、文化和社会建设的途径，提出应对全球化背景下生态国际压力的措施等是当前中国特色社会主义生态文明思想继续升华须解决的理论问题。

中国特色社会主义生态文明思想在马克思恩格斯生态文明思想

指导的中国特色社会主义生态文明建设实践中形成、发展和升华，丰富了中国特色社会主义理论体系的内容，体现了中国发展理念的转变，解答了社会主义初级阶段建设生态文明的困惑，为发展中国家生态文明建设提供了经验总结。

目 录

第一章　中国特色社会主义生态文明思想缘起

中国特色社会主义生态文明思想是马克思恩格斯生态文明思想与中国特色社会主义生态文明建设实践相结合的产物，是马克思恩格斯生态文明思想的中国化。生态学马克思主义和生态社会主义思潮为中国特色社会主义生态文明思想的形成提供了借鉴，中国传统文化中的生态智慧为中国特色社会主义生态文明思想提供了土壤，影响着中国特色社会主义生态文明思想的形成和发展。

一　理论渊源：马克思恩格斯的生态文明思想

马克思恩格斯生态文明思想是随着资本主义社会基本矛盾的不断凸显而形成和发展的。马克思恩格斯在理论上批判地继承了黑格尔的辩证自然观和费尔巴哈的自然唯物主义；在研究中以资本主义社会生产实践中人与自然的矛盾关系为突破口，指明了以人与自然矛盾为表象的生态危机，实质是人与人之间的矛盾；从历史唯物主义的角度科学地提出了解决人与自然矛盾的根本途径——变革资本主义生产方式，同时实现人与自然、人与人之间关系的“两个和解”。马克思恩格斯的生态文明思想开启了用历史唯物主义研究生态问题的新范式，开拓了变革社会生产方式和社会制度消灭生态危机的研究新视野。

（一）思想来源：对黑格尔、费尔巴哈自然观的批判与超越

马克思恩格斯生态文明思想的主线是人与自然的关系问题。在这一问题上，他们批判地继承了黑格尔的“人化自然观”和费尔巴哈的“自然唯物主义”。

1. 对黑格尔辩证自然观的批判继承

黑格尔是近代唯心主义的代表。在人与自然的关系问题上，他否认了自然界较之于人的先在性、客观性，认为作为客体的自然界是人这一主体对象化活动的产物。他指出：“有生命的个体，一方面固然离开身外世界而独立；另一方面却把外在世界变成它自己而存在的，它达到这个目的，一部分通过认识即通过视觉等等，一部分通过实践，使外在事物服从自己，利用它们、吸收它们来营养自己。因此经常在它们的另一体里再现自己。”[①] 显然，黑格尔把自然界看作是人的意识的产物，否定了自然界的客观性。在此基础上，黑格尔进一步指出：“人把它的环境人化了，他显出那环境以使他得到满足，对他不能保持任何独立存在的力量。”[②] 这一观点体现了“人化自然”的过程，强调环境的价值及其变化全因人的意识而存在。可见，黑格尔的自然观是彻头彻尾的唯心主义“人化自然观”。这种自然观虽然颠倒了自然和人类社会的关系，但是强调人对自然界的作用，突破了自然界决定人类社会的单向思维，是马克思“人化自然观”中人类社会与自然界双向互动思想的重要来源。

黑格尔的自然观体现了丰富的辩证法：第一，自然是辩证发展的统一整体。自然界作为一个有机整体是不能机械割裂的，如“动物的各个有机部分纯粹是一种形式的各个环节，它们时刻都在否定自己的独立性，最后又回到统一中去”[③]。从自然发展的过程看，自然这一整体又“必须看作是一种由各个阶段组成的体系，其中一

---

① ［德］黑格尔：《美学》第1卷，天津人民出版社2009年版，第155页。

② 同上书，第318页。

③ ［德］黑格尔：《自然哲学》，商务印书馆1980年版，第490页。

个阶段是从另一个阶段必然产生的"①。第二，自然界的发展变化是必然和偶然的统一。作为观念的外化物，"自然在其定在中没有表现出任何自由，而是表现出必然性和偶然性"②。必然性支配着偶然性，偶然性背后隐藏着必然性，偶然的东西终究会趋向于必然。恩格斯继承黑格尔的这一思想，认为自然规律是不自觉地以外部必然性的形式在无穷无尽的表面的偶然性中为自己开辟道路的。第三，自然界的变化和发展由理念与自然的矛盾推动。黑格尔认为："自然宁可说是未经解决的矛盾。"③ 在他的理念体系中，自然界是理念的外化，一方面，它有理性潜伏着，所以是合理的；另一方面，它只是潜在的、尚未得以实现的理念，也是不合理的。这样，理念与它外化的形式（自然界）、合理与不合理因其不统一而产生矛盾，矛盾推动着自然界不断变化发展。第四，自然界的发展是进化与退化的统一。自然界发展的最终目标是理念的实现，而自然界发展是靠理念与它之间的内在矛盾推动的。这一矛盾实际上为自然界的发展设立了两个不确定的目标，使自然界的发展过程表现出"进化"和"流射"两种形式。因此，"永恒的神圣的过程是一种向着两个相反方向的流动。两个方向完全相会为一，贯穿在一起……结果，较前的阶段一方面就通过进化得到了扬弃；另一方面却作为背景继续存在，并通过流射又被产生出来。因此，进化也是退化"④。恩格斯对黑格尔的这一思想进行了唯物主义改造，提出："有机物发展中的每一进步同时又是退步，因为它巩固一个方面的发展，排除其他方向上的发展的可能性。"⑤

恩格斯对黑格尔的辩证自然观给予了高度评价，认为"黑格尔第一次——这是他的伟大功绩——把整个自然的、历史的和精神的世界描写为一个过程，即把它描写为处在不断的运动、变化、转变

① ［德］黑格尔：《自然哲学》，商务印书馆1980年版，第28页。
② 同上书，第24页。
③ 同上。
④ 同上书，第36页。
⑤ 《马克思恩格斯选集》第4卷，人民出版社1995年版，第371页。

和发展中，并企图揭示这种运动和发展的内在联系”[1]。然而，由于黑格尔唯心主义的根基，他虽然看到人对自然界的作用，但是忽视了自然界的客观性和先在性；虽然强调自然界的变化发展及其规律，但他将自然界作为与人分离的、抽象的自然界。马克思则运用了实践这一中介，强调了自然界与人的双向互动，批判黑格尔“只是为历史的运动找到的抽象的、逻辑的、思辨的表达”[2]。最终，马克思恩格斯用唯物主义成功地抛弃了黑格尔唯心主义的基础，并以实践为中介构建了唯物主义的“人化自然观”。

2. 对费尔巴哈自然唯物主义的继承和发展

费尔巴哈的自然唯物主义代表了近代唯物主义的最高成就。马克思在《1844年经济学哲学手稿》中赞扬了费尔巴哈，指出“从费尔巴哈起才开始了实证的人道主义和自然主义的批判”[3]。费尔巴哈关于人与自然关系的思想是其自然唯物主义的主要内容。第一，人与自然是有区别的。人从自然界演化而来，自然界相对于人、人类社会有其先在性、客观性、决定性。人通过演化成为有理性有意识的感性实体，人区别于自然界的本质是人的理性、意志和情感。人的理性、意志和情感必须在与人的交往、摩擦中才能显示出来，因此，人在本质上是一种类、社会性的生物。第二，人与自然具有统一性。费尔巴哈认为，人本学与自然学虽然存在研究重点的不同，但是从根本上说两者是统一的，这不仅表现在它们都同黑格尔的思辨唯心主义哲学相对立，而且它们各自的研究对象——人和自然——归根到底“是属于一体的”。他强调人是自然的一部分，人的肉体和精神均来源于自然界。人因为有文化、历史等多方面因素的作用，才显示出其与其他自然物的不同，但这并不意味着人是脱离自然界的。第三，人是自然界存在的目的。人不能脱离自然界而存在，自然界也因而带上了人活动的痕迹。自然界若不因为人的活动而确认，就不能进入人视野的规定性，便没有存在的价值性和

① 《马克思恩格斯选集》第3卷，人民出版社1995年版，第736—737页。

② ［德］马克思：《1844年经济学哲学手稿》，人民出版社2000年版，第97页。

③ 同上书，第4页。

目的性。第四，自然界与人联系的中介是人高级、复杂的感性直观。

费尔巴哈的自然唯物主义正确地看到了自然界及其规律的先在性与独立性，也看到了人与自然之间的关联性、整体性。他的理论缺陷在于不能说明人是如何认识和改造自然的，因为费尔巴哈始终没有找到人与自然相互作用的实践中介。这正如马克思所说，从前的一切唯物主义（包括费尔巴哈的唯物主义）的主要缺点是："对对象・现实・感性，只是从客体的或者直观的形式去理解，而不是把它们当作感性的人的活动，当作实践去理解，不是从主体方面去理解。"①

马克思恩格斯对费尔巴哈自然观的超越和发展体现在：第一，强调了人对于自然界的意义。马克思在《1844年经济学哲学手稿》曾指出"被抽象地理解的，自为的，被确定为与人分隔开来的自然界，对人来说也是无"②。在《德意志意识形态》一书中，马克思恩格斯批判了费尔巴哈的自然观，指出"他没有看到，他周围的感性世界决不是某种开天辟地以来就直接存在的、始终如一的东西，而是工业和社会状况的产物，是历史的产物，是世世代代活动的结果"③。恩格斯正确揭示了费尔巴哈自然唯物主义的缺陷。他说："它们在一方面只知道自然界，在另一方面又只知道思想。但是，人的思维的最本质的和最切近的基础，正是人所引起的自然界的变化，而不仅仅是自然界本身；人在怎样的程度上学会改变自然界，人的智力就在怎样的程度上发展起来。"④ 第二，指出人作用于自然界的中介是实践。马克思主义哲学将实践引入人与自然的关系中。这使马克思主义自然观与其他哲学派别的自然观表现出本质区别。它在承认自然界的客观实在性和相对于人类社会的先在性基础上，从实践的角度出发考察人与自然的关系，肯定了人对自然界能

---

① 《马克思恩格斯选集》第1卷，人民出版社1995年版，第54页。
② ［德］马克思：《1844年经济学哲学手稿》，人民出版社2000年版，第116页。
③ 《马克思恩格斯选集》第1卷，人民出版社1995年版，第76页。
④ 《马克思恩格斯选集》第4卷，人民出版社1995年版，第329页。

动作用，即人类社会活动对自然界的影响、改造作用。通过实践这一中介，马克思主义自然观将人与自然的关系从单一的直观反射发展为双向度的互动关系。第三，将人与自然的关系纳入人与人的关系之中。马克思通过实践这一中介，找到了人与自然互动的关键。同时，人对自然界的实践活动为人与人之间关系的形成提供了现实基础，因此，实践将人—自然—社会融为一个整体。自然界不再是脱离人类社会的自在存在物，而是人类社会实践活动的对象和产物，人与自然之间的关系也因此成为人与人之间的关系。

综上，马克思恩格斯的“人化自然”思想是对黑格尔自然观和费尔巴哈自然观的批判继承。马克思恩格斯从费尔巴哈的思想中继承了唯物主义的基本内核，承认了自然界的先在性和客观性，以及人与自然的对立统一，批判了费尔巴哈在人与自然关系问题认识上的直观性，即：看不到人对自然界的能动作用。如果缺乏这一重要的认识，自然环境问题的出现就不是人为的，同样，环境的改善也不是人可为的。马克思恩格斯继承了黑格尔“人化自然”辩证法，明确提出人通过劳动实践对自然界产生能动作用的“人化自然观”。但马克思恩格斯对黑格尔的思想作了唯物主义改造。如果按照黑格尔唯心主义的逻辑，自然界是绝对精神的产物，那么生态问题的产生和解决都是可以被人的意识所控制的，生态问题就不存在，生态问题的研究也毫无意义。鉴于费尔巴哈和黑格尔理论的缺陷，马克思恩格斯运用唯物主义的基本立场取代黑格尔的唯心主义立场，用黑格尔的辩证法将费尔巴哈关于人与自然关系的认识深化，再用劳动实践建立起人与自然关系的中介，形成科学的“人化自然观”。

（二）真理阐释：生态文明思想的理论建构

不同的时代赋予哲学家不同的历史任务，马克思恩格斯所处的时代面临的主要矛盾是由资本主义制度带来的生产资料私有制与社会化大生产之间的矛盾，因而他们的主要任务是从理论上为无产阶级解放的伟大斗争提供思想武器，培养无产阶级成为资本主义制度的掘墓人，从而建立公有制的生产关系，为促进社会化大生产服务。由于他们所处的时代，环境问题还不是社会发展的主要问题，他们研究的主要精力并不在生态问题上。关于生态文明他们没有专门的著述，甚至根本没有提出生态文明这一概念，但是他们的理论蕴含着生态文明思想。马克思恩格斯通过研究人与自然的关系，看到了生态问题产生的制度根源以及消除生态问题的最终途径，提出了人同自然和解及人同本身和解的“两个和解”的思想。这些问题解释了人类社会的发展和走向，也解释了人类文明更替的根本动因。

1. 时代背景

马克思主义产生于资本主义大发展的时代。资产阶级革命和产业革命使生产力获得了巨大飞跃，也使资本主义社会的各种矛盾和问题暴露。生态环境问题虽然不是主要问题，但是也逐渐被思想家、理论家所关注。黑格尔和费尔巴哈也关注了人与自然的关系问题，但是作为资产阶级的哲学家，他们的研究只是在资本主义框架内进行，其目的在于使资本主义制度保持更旺盛的生命力。马克思恩格斯的生态文明思想虽然来源于黑格尔、费尔巴哈的自然观，但是他们的研究不仅限于解决资本主义社会的矛盾，更是着眼于探索人类社会发展的规律性和必然性。因此，他们对生态文明的研究打破了资本主义制度的框架，目的在于寻找人类文明演进的必然道路。

（1）伴随着生产力的巨大发展而出现的生态问题

18 世纪下半叶到 19 世纪上半叶是资本主义工业革命时期，也是资本主义经济发展的黄金时期。工业革命不仅使生产技术获得质的飞跃，也使生产方式发生了重大变革。以机器体系和雇佣劳动为标志的工厂制度获得了统治地位，资本主义制度和资产阶级的统治地位得以确立和巩固。伴随着经济的巨大发展，资本主义不断扩张的生产方式对生态环境也造成了巨大的影响。

马克思和恩格斯描述了当时的生态状况。首先，资本主义生产方式使人与自然之间的物质变换失去平衡。“资本主义生产使它汇集在各大中心的城市人口越来越占优势，这样一来，它一方面聚集着社会的历史动力，另一方面又破坏着人和土地之间的物质变换，也就是使人以衣食形式消费掉的土地的组成部分不能回归土地，从而破坏土地持久肥力的永恒的自然条件。”[①] 其次，资本主义工业化直接破坏了资源和环境。以蒸汽机的使用为例，一方面，“蒸汽机的第一需要和大工业中差不多一切生产部门的主要需要，就是比较纯洁的水”；另一方面，“工厂城市把一切水都变成臭气冲天的污水”[②]。“关于这种惊人的经济变化必然带来的一些现象……地力耗损——如在美国；森林消失——如在英国和法国，目前在德国和美国也是如此；气候改变、江河淤浅在俄国大概比其他任何地方都厉害。”[③] 再次，资本主义日益扩大化生产造成了人口的相对过剩，不利于人口质量的持续提高。马克思一针见血地指出了资本主义特有的人口规律，即：“工人人口本身在生产出资本积累的同时，也以日益扩大的规模生产出使他们自身成为相对过剩人口的手段。”[④] 在资本主义早期，资本家通过追加更多的生产资料和劳动力，获得源源不断的剩余价值。产业革命之后，资本有机构成提高导致可变资本相对减少，从而资本对劳动力的需求也相应减少，于是产生出规模日益扩大的相对过剩人口成为产业后备军。人口的剧增导致工人经济条件、居住环境和营养状况等的不断恶化，直接影响到工人人口质量的提高。

（2）与资本主义基本矛盾相伴的人与自然的矛盾

随着资本主义经济的飞速发展，资本主义社会的主要矛盾暴露。一方面，产业革命推动了资本主义生产力不断提高，形成社会化大生产的局面；另一方面，资本主义生产资料私有制使整个社会生产处于无政府状态，导致资本家盲目扩大化再生产的产品成为相对过剩的剩余产品。这就造成了生产社会化和生产资料所有制之间的矛

① ［德］马克思：《资本论》第1卷，人民出版社2004年版，第579页。
② 《马克思恩格斯选集》第3卷，人民出版社1995年版，第646页。
③ 《马克思恩格斯全集》第38卷，人民出版社1972年版，第365页。
④ ［德］马克思：《资本论》第1卷，人民出版社2004年版，第727—728页。

盾。伴随着资本主义社会主要矛盾，生态环境问题出现。资本家无限制地追求剩余价值带来的无限制的扩大化再生产，造成了对自然资源的无限制利用，同时造成环境的肆意破坏。资本家对剩余价值的无限制追求使他们无暇顾及公共生态环境的变化，更不会将生态环境内化为生产成本。马克思看到了生态危机与资本主义基本矛盾相伴相生，并提出了最终解决生态危机的思路，即完全变革资本主义生产方式以及同这种生产方式相联系的整个社会制度。

（3）潜含于经济危机理论中的生态危机思想

《资本论》的写作并问世，标志着马克思主义经济危机理论的形成。首先，马克思揭示了经济危机产生的可能性和现实性。以货币为交换媒介的商品流通形成后，卖与买分裂为两个独立的过程，供给与需求矛盾通过产品过剩的形式表现出来。这是经济危机存在的可能性。资产阶级盲目生产，无产阶级购买能力相对低下，为生产过剩的经济危机提供了现实基础。其次，马克思在对资本循环、资本周转和社会资本再生产问题的分析中，揭示了资本主义经济运行中生产和消费、供给和需求、剩余价值生产和实现之间的一系列矛盾，并证明了这些矛盾和经济危机之间的内在联系。由此他还揭示了资本主义社会有限的消费范围和为突破消费限制不断扩张的生产之间的矛盾，以及资本不断增殖的要求和社会生产无序、无计划发展之间的冲突状况，形成了马克思的经济危机理论。

生态问题的产生与资本主义的生产过程有着不可分割的必然联系。在剖析资本主义经济危机的时候，对生态危机的研究就不可避免。资本主义社会提供了生态问题演变为生态危机的现实土壤。一方面，资本主义社会生产力的巨大发展为生产扩大提供了强大的空间。为满足资本主义日益增长的生产所需，对作为原材料的自然资源需求量就日益增加，同时排放到自然界的废弃物也日益增加。另一方面，资本主义私有制生产关系下，整个生产活动都处于无政府状态中，生产者出于获利考虑不关注资源需求、环境污染等信息。由于生产的自发性、无序性，资产阶级政府对于生产计划、生态问题的控制也几乎处于失控状态，经济危机、生态危机由此产生。

2. 形成过程

（1）19 世纪 40 年代，从历史唯物主义的视角探讨人与自然的关系

1842 年 11 月到 1844 年 8 月，恩格斯利用从商的条件深入到英国产业革命的工业化城市——曼彻斯特，对工人生产状况及环境污染情况进行了深入的调查研究，并于 1945 年出版了《英国工人阶级状况》一书。在书中，他具体分析了英国工业化环境污染的过程、状况、危害，形成了对资本主义环境污染问题深入系统研究的最早理论成果。

马克思在《1844 年经济学哲学手稿》中将人与自然的关系确定为一种互为对象性的关系，即：人是自然界的对象性存在物，是自然界发展到一定阶段的产物；作为"人的现实世界的自然界"是经人改造过的"人化自然"，为马克思在社会生活中寻找生态危机的根源提供了思想前提。在《1844 年经济学哲学手稿》中，马克思还提出异化劳动理论及其四种表现形式，即：劳动产品与劳动者相异化、劳动本身和劳动者相异化、人与其类本质相异化、人与人相异化。这四种形式内在地包含了人与自然相异化的事实。因为，劳动者在异化劳动过程中，越是通过劳动占用自然界，就越使自然界不能成为他们的劳动资料和生存资料。人与自然相异化的直接结果便是，人按照社会制度的意愿来占有、支配自然界而忽视自然界存在的客观规律，造成人与自然的矛盾。可见，马克思在早期就看到了社会制度——人与自然相异化——生态危机之间的联系，为探讨生态危机的制度根源奠定了基础。

1945 年，在两人合著的《德意志意识形态》中，他们进一步探讨了异化产生的原因和消除异化的根本途径。《德意志意识形态》从分析异化的最典型代表——资本主义社会异化现象出发，得出"只要分工还不是出于自愿，而是自然形成的，那么人本身的活动对人来说就成为一种异己的、同他对立的力量"① 的结论。由于

① 《马克思恩格斯选集》第 1 卷，人民出版社 1995 年版，第 85 页。

强制分工与私有制的孪生性，马克思恩格斯提出要以生产力的发展为绝对前提。在这个前提下，一方面，异化成为一种“不堪忍受的”力量，把人类的大多数变成完全“没有财产的”人，同时这些人又同现存的有钱有教养的世界相对立；另一方面，由生产力发展建立起来的人类的普遍交往，使每一个民族“没有财产的”人都依赖于其他民族的变革，从而使地域性的个人成为世界历史性的、经验上普遍的个人。《德意志意识形态》找到了生产力与异化间的因果关系，确立了马克思恩格斯在社会关系中研究人与自然的关系，在人类实践中研究和处理人类与自然界关系的基本思路。

（2）19世纪60年代，探讨人类社会生产方式与生态危机之间的必然联系

第一，恩格斯探讨了人的行为与生态问题之间的因果联系。在《自然辩证法》中，恩格斯列举了“美索不达米亚、希腊、小亚细亚以及其他各地的居民，为了想得到耕地，毁灭了森林，但是他们做梦也想不到，这些地方今天竟因此而成为不毛之地”；“阿尔卑斯山的意大利人，当他们在山南坡把山北坡得到精心保护的那同一种枞树林砍光用尽时，没有预料到，这样一来，他们就把本地区的高山畜牧业的基础毁掉了；他们更没有预料到，他们这样做，竟使山泉在一年中的大部分时间内枯竭了，同时在雨季又使更加凶猛的洪水倾泻到平原上”[①] 等实例，警示人类不要过分陶醉于对自然界的胜利，因为对于每一次这样的胜利，自然界都将对人类进行报复。如果人类只看到实践对生态自然的短期效应而忽视长期效应，生态利益就会被忽视。因此，恩格斯提出了人类对自然规律的充分掌握和运用是保护人与自然和谐共生的必要条件，还指出要“对我们的直到目前为止的生产方式，以及同这种生产方式一起对我们的现今的整个社会制度实现完全的变革”[②]。

第二，马克思看到了资本主义生产方式与人口、环境问题产生

① 《马克思恩格斯选集》第4卷，人民出版社1995年版，第383页。

② 同上书，第385页。

的必然联系。在《资本论》中，马克思多次采用纪实手法，真实反映了资本主义早期空气污染、森林破坏、水资源污染、土地荒芜、职业病等严重状况，并提出了生态环境恶化对处于社会底层的工人阶级生存、生活上的直接危害。马克思将破坏资本主义生态环境的矛头直指资本主义的生产方式。在谈到资本主义土地私有制时，马克思提出："从一个较高级的经济的社会形态的角度来看，个别人对土地的私有权，和一个人对另一个人的私有权一样，是十分荒谬的。甚至整个社会，一个民族，以至一切同时存在的社会加在一起，都不是土地的所有者。他们只是土地的占有者，土地的受益者，并且他们应当作为好家长把经过改良的土地传给后代。"①

他还指出了资本主义社会人口相对过剩也是其生态问题产生的重要原因，而资本主义人口问题也是由资本主义的生产方式造成的，因为"工人人口本身在生产出资本积累的同时，也以日益扩大的规模生产出使他们自身成为相对过剩人口的手段"②。因此，马克思明确提出要协调物质资料的生产和人类自身生产之间的关系，使两者保持合理有度的比例关系。

（3）19 世纪 80 年代，探讨了实现两种生产相协调的社会历史条件

恩格斯在 1881 年给卡尔·考茨基的信中明确提出只有进行消灭私有制的社会革命，才能有计划地控制人口增长，使人类自身生产和物质资料生产相适应。他指出："人类数量增多到必须为其增长规定一个限度的这种抽象可能性当然是存在的。但是，如果说共产主义社会在将来某个时候不得不象已经对物的生产进行调整那样，同时也对人的生产进行调整，那末正是那个社会，而且只有那个社会才能毫无困难地作到这点。在这样的社会里，有计划地达到现在法国和下奥地利在自发的无计划的发展过程中产生的那种结果，在我看来，并不是那么困难的事情。"③

---

① ［德］马克思：《资本论》第 3 卷，人民出版社 2004 年版，第 878 页。

② ［德］马克思：《资本论》第 1 卷，人民出版社 2004 年版，第 727—728 页。

③ 《马克思恩格斯全集》第 35 卷，人民出版社 1971 年版，第 145 页。

恩格斯在1884年出版的《家庭、私有制和国家的起源》序言中指出："历史中的决定性因素，归根结蒂是直接生活的生产和再生产。但是，生产本身又有两种。一方面是生活资料即食物、衣服、住房以及为此所必需的工具的生产；另一方面是人类自身的生产，即种的蕃衍。一定历史时代和一定地区内的人们生活于其下的社会制度，受着两种生产的制约：一方面受劳动的发展阶段的制约，另一方面受家庭的发展阶段的制约。"[①] 生活资料的生产与人类自身的生产是相互制约的，两者产生不和谐时，人与自然之间的矛盾就显露出来。两种生产矛盾的解决最终取决于人类发展阶段的演进。

3. 主要内容

马克思恩格斯坚持历史唯物主义的基本立场，以唯物辩证法为基本方法，构建了他们的辩证唯物主义自然观，形成了生态文明思想的理论前提。首先，以劳动为中介，将人与自然联系起来，既承认自然界对于人和人类社会的先在性和客观性，又强调人类社会对自然界的意义。其次，将人与自然的关系纳入人类社会发展的历史中，将其作为人类社会历史的现实基础来认识，人、自然、社会也因此而形成统一整体。再次，从社会运动的基本矛盾中把握人与自然的关系。生产力和生产关系的矛盾是人类社会最基本的矛盾，人对自然开发、利用的程度体现了生产力发展水平。人与人之间的关系体现了生产关系的性质。自然、人、人类社会矛盾的出现与化解体现在生产力与生产关系的辩证关系中。

（1）辩证唯物主义自然观

自人类社会产生后，自然界的变化发展不可避免地受到人类有目的有意识活动的影响。一方面，自然界按照自身规律演化；另一方面，人通过有目的有意识的实践活动，将自然界变成最适合人类生存和发展的基础。这种相互关系正是由于变革的实践使"环境的

---

① 《马克思恩格斯选集》第4卷，人民出版社1995年版，第2页。

改变和人的活动的一致”①。

第一，自然界是人类社会赖以生存和发展的前提和基础。

人类要生存，首先必须进行物质生产，而物质生产以自然界提供的生产资料为基本前提。人类进行物质生产活动的实践将人与自然联系起来。人与自然不仅存在着关系，且两者之间的关系还是整个社会关系的基础。

首先，人是自然界的一部分。其一，自然界相对于人具有先在性、客观性。在人类出现之前，自然界已经客观真实地存在，并按自身规律独立运行。其二，人是自然界不断进化的产物。马克思曾指出：“人本身是自然界的产物，是在自己所处的环境中并且和这个环境一起发展起来的。”② 自然界在运动发展中，产生出微生物、植物、动物，动物又由低级发展到高级，出现人和人的意识。其三，人是自然界的一部分。马克思指出：“所谓人的肉体生活和精神生活同自然界相联系，不外是说自然界同自身相联系，因为人是自然界的一部分。”③ 其四，人的生存和发展在自然环境中进行，必然存在自然属性。“人作为自然存在物，而且作为有生命的自然存在物，一方面具有自然力、生命力，是能动的自然存在物；这些力量作为天赋和才能、作为欲望存在于人身上。”④ 人的自然属性是人来源于自然并在自然界中生存和发展的现实依据。也正因为如此，人才不至于是脱离自然而存在的超自然的东西。

其次，人依赖于自然界生存和发展。其一，人的物质生活依赖于自然界。一是，自然是人和人类社会存在和发展的先决条件。人必须依靠自然界而生存，“自然界，就它自身不是人的身体而言，是人的无机的身体。人靠自然界生活。这就是说，自然界是人为了

---

① 《马克思恩格斯选集》第1卷，人民出版社1995年版，第59页。

② 《马克思恩格斯选集》第3卷，人民出版社1995年版，第374—375页。

③ ［德］马克思：《1844年经济学哲学手稿》，人民出版社2000年版，第56—57页。

④ 同上书，第105页。

不致死亡而必须与之处于持续不断地交互作用过程的、人的身体。”① 因为“人在肉体上只有靠这些自然产品才能生活，不管这些产品是以实物、燃料、衣着的形式还是以住房等等的形式表现出来。”② 二是，自然界为人类实践劳动提供生产资料和劳动对象。“大生产——应用机器的大规模协作——第一次使自然力，即风、水、蒸汽、电大规模地从属于直接的生产过程，使自然力变成社会劳动的因素。”③ 因此，没有自然界，没有感性的外部世界，工人就什么也不能创造。“自然界一方面在这样的意义上给劳动提供生活资料，即没有劳动加工的对象，劳动就不能存在，另一方面，也在更狭隘的意义上提供生活资料，即维持工人本身的肉体生存的手段。”④ 马克思还提出了自然环境与劳动生产率的关系。“撇开社会生产的形态的发展程度不说，劳动生产率是同自然条件相联系的。……外界自然条件在经济上可以分为两大类：生活资料的自然富源，例如土壤的肥力，鱼产丰富的水域等等；劳动资料的自然富源，如奔腾的瀑布、可以航行的河流、森林、金属、煤炭等等。在文化初期，第一类自然富源具有决定性的意义；在较高的发展阶段，第二类自然富源具有决定性的意义。”⑤ 三是，自然界为人类社会实践活动提供空间和场所。在实践的三要素中，作为主体的人、作为中介的生产资料和作为客体的劳动对象都存在于自然界。人的实践活动只能现实地在自然界进行，而不能超越时间和空间的维度。

其二，人的社会关系的形成依赖于自然界。人类社会实践活动的根本目的是认识自然、改造自然。人们在认识自然和改造自然过程中形成人与人之间的关系是生产关系。生产关系是构成了人类社会的基础。在从事生产活动的同时，人们还从事其他活动，在这些

① 《马克思恩格斯选集》第1卷，人民出版社1995年版，第45页。
② ［德］马克思：《1844年经济学哲学手稿》，人民出版社2000年版，第56页。
③ 《马克思恩格斯全集》第47卷，人民出版社1979年版，第569页。
④ 《马克思恩格斯选集》第1卷，人民出版社1995年版，第42页。
⑤ ［德］马克思：《资本论》第1卷，人民出版社2004年版，第586页。

活动中又形成了其他各种复杂的社会关系，如政治关系、思想关系、法律关系、伦理关系等。自然界为人与人之间关系的形成提供前提、空间和场所。

其三，人的精神生活依赖于自然界。意识是对客观存在的反映，各种自然物通过人类实践活动的加工成为人类享用的物质食粮和精神食粮。人通过劳动，将人类的目的和意志物化到劳动对象上，使自然界的改造按照人的目的和意志进行，从而成为具备适合人类需求的物质功能和美学价值的产品。因此，马克思指出“植物、动物、石头、空气、光等等，一方面作为自然科学的对象，一方面作为艺术的对象，都是人的意识的一部分，是人的精神的无机界，是人必须事先进行加工以便享用和消化的精神食粮”①。

再次，人类对自然界的依赖比动物更加广阔。马克思指出人来源于自然界，是自然界的一部分，但又强调了人与动物的本质差异，即人的类本质，马克思提出“生产生活就是类生活。这是产生生命的活动。一个种的整体特征、种的类特征就在于生命活动的性质，而自由的有意识的活动恰恰就是人的类特性”②。我们可以将此理解为人区别于动物的本质，而人的本质在其现实性上是一切社会关系的总和，是随着社会关系的改变而变化的。动物既不存在生产生活，也不存在社会关系，它们只具备简单的无意识、无目的的生命活动。“人（和动物一样）靠无机界生活，而人比动物越有普遍性，人赖以生活的无机界的范围就越广阔。”③ 因为只有人类，超越了一般动物界，成为整个生物界占绝对优势的力量。

马克思还从价值论的高度提出了自然界对人而言比动物更有价值。人是一种对象性的自然物，需要寻找客体来表现自己的价值。自然是“表现和确证他的本质力量所不可缺少的、重要的对象。说人是肉体的、有自然力的、有生命的、现实的、感性的、对象性的存在物，这就等于说，人有现实的、感性的对象作为自己本质的即

---

① ［德］马克思：《1844年经济学哲学手稿》，人民出版社2000年版，第56页。

② 同上书，第57页。

③ 《马克思恩格斯全集》第42卷，人民出版社1979年版，第95页。

自己生命表现的对象；或者说，人只有凭借现实的、感性的对象才能表现自己的生命"①。人要靠着在自然界的实践成果来确证自己的存在和价值。

第二，人类社会是自然界存在和发展的全部意义。

自然界广至整个宇宙，小至微观粒子。人类社会不过是自然界的一个微小部分。人的认识能力相对于自然界的无限性是极其有限的。马克思主义哲学探讨的自然界是人类生存和活动的自然条件的总和，是人类实践活动所指向的自然，仅限于与人类认识实践范围内的自然要素。这是"人化自然观"成立的前提。

马克思恩格斯从人与动物相区别的层次肯定了人对自然界的支配、改造作用。恩格斯指出："人离开动物越远，他们对自然界的影响就越带有经过事先思考的、有计划的、以事先知道的一定目标为取向的行为的特征。"② 人与动物同是自然界的产物，但却有着本质的区别。人类在长期有计划有目的的实践中，发展了社会属性，具有了改造他物满足自身需求的能力。因此，人与动物的区别就在于"动物仅仅利用外部自然界，简单地通过自身的存在在自然界中引起变化；而人则通过他所作出的改变来使自然界为自己的目的服务，来支配自然界"③。不仅如此，人还具备认识并利用自然规律的能力，"我们对自然界的全部统治力量，就在于我们比其他一切生物强，能够认识和正确运用自然规律"④。只有认识并利用了自然规律才能在最大限度上协调好人与自然的关系，保持人类社会利用自然资源发展自身和维持自然环境可持续发展之间的平衡。总之，人能动地作用于自然界，使自然界释放出更多合乎人类需要的能量。

自然界的价值借助于人的实践劳动实现。是否具有价值是对客体属性是否满足主体需要的一种判断。因此，无目的无意识的自然

① 《马克思恩格斯全集》第3卷，人民出版社2002年版，第324页。
② 《马克思恩格斯选集》第4卷，人民出版社1995年版，第382页。
③ 同上书，第383页。
④ 同上书，第384页。

界在人这一主体产生之前是毫无价值的，只能被动遵循客观规律，自然演变。马克思认为人类社会产生之后，自然界发生了本质变化。在人产生后，是人再生产的整个自然界。他甚至认为："在人类历史中即在人类社会的形成过程中生成的自然界，是人的现实的自然界；因此，通过工业——尽管以异化的形式——形成的自然界，是真正的、人本学的自然界。"[①] 也就是说，人类通过技术手段对自然环境进行加工改造，使自然界具备新的功能和价值，以满足人类社会生产生活的需要。所以，自然界只有在人类社会中才是有价值的，马克思将其总结为"自然界的人的本质只有对社会的人来说才是存在的；因为只有在社会中，自然界对人来说才是人与人联系的纽带，才是他为别人的存在和别人为他的存在，只有在社会中，自然界才是人自己的人的存在的基础"[②]。

自然界的价值需要通过人类文明进步的成果来表现。人在自然环境中实现自己的目的，自然界成为了体现人类文明成果的载体。马克思指出，人"不仅使自然物发生形式变化，同时他还在自然物中实现自己的目的"[③]。如原始文明的物质成果表现为初步认识气候周期规律，农耕方式发生改变；农业文明的物质成果表现为土地耕种面积增加，以粮食为主的物质资料的大量增加；工业文明的物质成果表现为商品迅速丰富，社会财富急剧增长。

第三，社会实践劳动是人与自然相统一的实现形式。

把劳动发展史作为理解全部社会发展史的一把钥匙，是马克思主义的思维范式。以实践为钥匙，剖析人与自然的关系史，对于人与自然关系的研究有重要意义。

首先，劳动是自然界与人类社会发生关系的中介。劳动在人类形成过程中，起决定性作用。恩格斯在《劳动在从猿到人转变过程中的作用》一文中提出劳动创造人的科学论断，揭示了劳动为人类社会的起源、自然界向人类社会过渡、自然史与社会史的统一提供

---

① ［德］马克思：《1844 年经济学哲学手稿》，人民出版社 2000 年版，第 89 页。
② 同上书，第 83 页。
③ ［德］马克思：《资本论》第 1 卷，人民出版社 2004 年版，第 208 页。

了结合点和关键点。在《自然辩证法》中，恩格斯又强调“劳动创造了人本身”①。他将由猿到人的过程分解为三步：一是，直立行走，使猿具备了劳动的条件；二是，在劳动中，手的功能越来越强大，并制造出工具，猿变成真正意义上的人；三是，劳动产生了交往的前提和需要，语言也随之产生；四是，“首先是劳动，然后是语言和劳动一起，成了两个最主要的推动力，在它们的影响下，猿脑逐渐地过渡到人脑；……随着脑的进一步发育，同脑最密切的工具，即感觉器官，也同步发育起来”②。就这样，人的意识和思维在劳动中形成，又反过来对劳动和语言的发展产生巨大的推动作用。劳动在改造自然界的同时，也改造了人自身。人类在劳动的过程中，形成的各种交往关系也随着语言和思维的发展而逐渐扩大。有了劳动这一中介，人逐渐与动物形成质的区别，成为从自然界中演化出来的具有社会属性的高级动物。

劳动将自然界与人类社会联系起来。作为劳动主体的人，本身即是一种自然存在物，是来源于自然界的。人在自然环境中生存和发展，也不可避免地要受到自然环境的制约。作为劳动的客体，劳动对象工具和劳动资料，要么是未经加工，直接来源于自然界的物质资料，要么是来源于自然，经过人类劳动加工，但受自然规律所支配的物质资料。人离开自然环境，人类劳动就无从谈起。反之，自然界离开了人类劳动，也是毫无意义和价值的，不是真正的自然界。“劳动首先是人和自然之间的过程，是人以自身的活动来中介、调整和控制人和自然之间的物质变换的过程。”③ 因此，劳动是实现人与自然界之间物质变换的中介、桥梁。

其次，劳动是自然界向人类社会过渡的中介。自然史与社会史相统一，是马克思恩格斯创立马克思主义哲学时坚持的一个基本原则。马克思将人类社会的发展与自然界的发展联系起来，指出“历

---

① 《马克思恩格斯选集》第4卷，人民出版社1995年版，第374页。
② 同上书，第377页。
③ 《马克思恩格斯选集》第2卷，人民出版社1995年版，第177页。

史本身是自然史的即自然界成为人这一过程的现实部分”[①]。恩格斯的《自然辩证法》通过研究人类社会的起源，得出劳动是在自然史向社会史过渡中的中介的结论。

劳动在自然界和人类社会的发展中都起到了重要作用。劳动是人类社会存在和发展最基本的条件。在人类社会早期，人通过劳动战胜大自然，使自然界按人的需求提供基本的生存资料。随着人类劳动能力的进步，生产力水平不断提高，人类对生产资料和社会财富的需求也随之不断增加，并通过对自然界的实践改造来满足，自然界的价值和功能也因此而不断增大。在这个过程中，人类社会形态发生更替，从原始社会、奴隶社会、封建社会、资本主义社会到社会主义社会。因此，劳动既是改造自然界，使自然界满足人类需求的重要力量，又是社会进步的决定性因素。劳动还连接了自然界向人类社会的过渡。一方面，劳动使自然界在按照自身规律运行的同时越来越适应人类社会的需求；另一方面，劳动使人们对自然规律的认识更加深入、广泛，把握、运用更加准确，使自然界与人类社会的互动关系更加协调。

再次，自然界和人类社会通过劳动相互转化。自然界与人类社会之间的区分是相对的。一方面，人类社会由自然界发展变化而来，人是自然界物质转化的特殊部分。在劳动的过程中，自然界始终不停地与人类社会进行着物质和能量的交换、循环和转化，这个过程永远不能完结，否则就意味着人类社会的消亡。另一方面，人类社会除了自身属于自然界外，它还能动地将意识作用于自然界，使自然界释放出更多合乎人类需要的能量，满足人类更多的需要。可以说，自然界是按照人类社会的需求而存在和运转的，具有社会价值性。因此，自然界被人化和人被自然化是以实践为中介的不可分割的同一过程的两个方面。人为了生存和发展把自然界当作自己的活动对象并通过实践活动不断地予以改造，使自然界不断地被人化。自然又通过人实践活动反作用于人与社会，使人自然化。

---

① 《马克思恩格斯全集》第42卷，人民出版社1979年版，第128页。

总之，自然只有在实践活动中才能成为人的对象物。人类社会与自然界通过实践劳动这一中介形成“自然—人—社会”的统一整体。人与自然的关系归根结底还是人与人、人与自身的关系。生态问题是人与自然关系相冲突的表现，也是人与人之间关系相冲突的表现；要解决生态问题，必须解决人与人之间的关系问题。

（2）唯物史观视域下的生态危机观。“异化劳动”理论是马克思创立唯物史观的出发点。资本主义的扩张逻辑使人与自然的异化关系表现得尤为典型。马克思恩格斯在观察资本主义生态危机的过程中，认识到人与自然的异化关系与生态危机之间的必然联系，构建了唯物主义视域下的生态危机观。

第一，人主导下的人与自然异化关系是生态危机产生的根源

“异化”的概念最初使用在经济学上，表示货物的出售、让渡，即自己劳动产品的使用价值不属于自己。18 世纪末 19 世纪初，费希特、黑格尔、费尔巴哈等形成了各自的异化观。马克思的异化理论主要来源于黑格尔和费尔巴哈的异化观。在黑格尔的“绝对精神”理念中，“异化”是核心概念。黑格尔将绝对精神作为异化的主体，由于绝对精神内在自有的矛盾，使它具有自我否定、自我异化的能力。由于异化的存在，绝对精神获得否定性发展，自然界和人类社会得以出现。费尔巴哈批判了黑格尔的异化观，从唯物主义的立场上提出了异化的概念。他认为异化是人通过自己的活动，创造出来的对象客体，在一定条件下与人的本性追求和愿望相背离，反过来排斥、压制人，成为与人相对立的异己力量。马克思的异化思想虽来源于黑格尔和费尔巴哈，但又与他们有着本质区别。他认识到人类实践活动是异化的现实基础，与黑格尔将异化看作是脑力劳动的异化有着根本区别；他在社会现实的生产中寻找异化产生的社会根源和消除异化的根本途径，与费尔巴哈脱离现实社会关系，离开实践谈异化有着根本区别。

在马克思的早期著作中，异化是一个核心的概念。他以异化为起点展开了对国民经济学的批判，形成了系统的异化劳动理论。在《1844 年经济学哲学手稿》中，马克思提出了异化劳动的四种形

式，即：劳动产品与劳动者相异化、劳动本身与劳动者相异化、人与其类本质相异化、人与人相异化，并对资本主义条件下的异化劳动进行了系统阐释，构成了马克思主义异化劳动理论的核心。在资本主义制度下，首先，劳动者生产劳动产品，却不能占有、支配劳动产品。劳动者生产的劳动产品越丰富，生活却越贫困，劳动产品和劳动者相异化。其次，资本主义条件下的工人依靠出卖劳动力为生，劳动成为他们谋生的手段和资本家获取私有财产的手段。劳动已经不是以工人自愿的形式进行，而成为束缚自己发展的枷锁，劳动本身和劳动者相异化。再次，“劳动对工人来说是外在的东西，也就是说，不属于他的本质；因此，他在自己的劳动中并不是肯定自己，而是否定自己，不是感到幸福，而是感到不幸，不是自由地发挥自己的体力和智力，而是使自己的肉体受折磨、精神遭摧残”[①]。显然，这样的劳动使人与动物无异，从而丧失了“类本质”，导致人与其类本质相异化。最后，由于劳动产品与劳动者、劳动本身与劳动者、人与其类本质是相异化的。“人对自身的关系只有通过他对他人的关系，才成为对他来说是对象性的、现实的关系”[②]，因此，人与人相异化。异化的四种形式内在地包含着人与自然相异化的事实。因为，“工人越是通过自己的劳动占有外部世界、感性自然界，他就越是在两个方面失去生活资料：第一，感性的外部世界越来越不成为属于他的劳动的对象，不成为他的劳动的生活资料；第二，感性的外部世界越来越不给他提供直接意义的生活资料，即维持工人的肉体生存的手段”[③]。即：异化使人在自然资源的占有、分配和使用上的利益关系产生危机，从而导致人与自然关系异化。

在人与自然关系不断调整的历史过程中，人与自然的异化关系表现出两种形式。一是自然主导性异化。人努力改造自然，想成为自然的主人，但因无法驾驭自然，只能盲目地屈服于自然、依附于

① ［德］马克思：《1844 年经济学哲学手稿》，人民出版社 2000 年版，第 54 页。
② 同上书，第 60 页。
③ 同上书，第 53 页。

自然，从而丧失主体能动性，成为自然的奴隶。这种异化形式出现在人类社会早期，表现为人类将自然“神化”，崇拜、敬畏自然。二是人类社会主导性异化。在人与自然的关系中，人占据主导地位。一方面人充分发挥主观能动性，将意识和目的强加于自然界，企图支配、征服自然，自然界被“物化”；另一方面自然界保持着自身运行的规律和承载限度。当人类的需求违背自然规律，超过自然界的承载能力，人与自然矛盾关系形成。这种异化表现为人将自然“物化”，企图绝对征服支配自然。

人与自然的异化关系在资本主义制度下加深，根源在于人对自然资源的占用、分配和使用只能按照统治阶级和社会制度的意愿来进行。自然界作为实践的客体，仅仅是征服和改造的对象，因而它本身的属性和规律被完全忽视，由此产生自然界要按照自身规律运行，而人类又企图打破这种规律的矛盾。在资本主义制度下，人们对金钱和私有财产的崇拜已经成为一种普遍价值，财产的私有性与自然环境的公有性发生矛盾，人与自然的异化进一步加深。可见，生态危机虽表现为人与自然关系的危机，本质上则是人与自然关系为中介的人与人之间关系的危机，是社会生产关系、生产方式的危机。

第二，人与自然异化关系的回归是解决生态危机的根本途径

马克思分析了异化产生的原因，他在肯定私有财产表现为外化劳动的根据和原因的基础上，指出私有制与异化劳动之间互为因果的辩证关系，即“私有财产一方面是外化劳动的产物，另一方面又是劳动借以外化的手段，是这一外化的实现。”① 在《德意志意识形态》中，马克思恩格斯从“现实的人”的“感性活动”出发考察人的异化，从而揭示出强制分工是人的异化的根源，而人类扬弃异化的根本途径在于发展生产力。他们考察了异化的最典型代表——资本主义社会异化，并分析了异化产生的直接原因：“只要人们还处在自然形成的社会中，就是说，只要特殊利益和共同利益

① ［德］马克思：《1844年经济学哲学手稿》，人民出版社2000年版，第61页。

之间还有分裂，也就是说，只要分工还不是出于自愿，而是自然形成的，那么人本身的活动对人来说就成为一种异己的、同他对立的力量，这种力量压迫着人，而不是人驾驭着这种力量。”① 因此，消灭异化就要以“生产力的普遍发展和与此相联系的世界交往为前提”②。

人与自然相异化的根源在于生产力的发展。在“物化自然”阶段，人虽然获得征服、改造自然的能力和成果，但使自然界的存在和变化背离人类社会的长远利益，造成人与自然关系的异化。要扬弃和消除异化，同样依靠生产力的发展及由此引起的传统生产方式、生活方式、思维方式、社会生态环境运行机制等的根本变革。因此，马克思恩格斯提出了消除人与自然异化关系的“两个和解”的思路，“人类同自然的和解”和“人类本身的和解”。“人类同自然的和解”是“人类本身的和解”的物质基础，“人类本身的和解”则是“人类同自然的和解”的社会前提。

（三）价值彰显：对资本主义制度的生态批判

马克思把人类社会的发展分为三个阶段。第一阶段是以自然经济为基础的“人的依赖关系”阶段。这一阶段，人的生产能力只是在狭窄的范围内和孤立的地点上发展着，几乎只存在着人与自然之间的关系。第二阶段是建立在商品经济基础上的“以物的依赖性为基础的人的独立性”阶段。这一阶段，人形成了以普遍的社会物质交换为基础的人与人之间关系。第三阶段是以产品经济为基础的“建立在个人全面发展和他们共同的社会生产能力成为他们的社会财富这一基础上的自由个性”③ 阶段。这一阶段，通过活跃的商品交换、市场经济，建立起了世界市场为基础的全面联系，人的自由个性得以全面发挥，成为世界历史性的、真正普遍的个人。

在人类历史发展的过程中，人与外界的关系从单纯的人与自然

---

① 《马克思恩格斯选集》第1卷，人民出版社1995年版，第85页。

② 同上书，第86页。

③ 《马克思恩格斯全集》第46卷（上），人民出版社1979年版，第104页。

的物质交换关系，变成人与自然、人与人之间的物质、精神交往等各方面关系的不完善状态。人与自然之间、人与人之间不完善的关系交织在一起，形成社会发展的各种矛盾，生态危机便是其中之一。在自由而全面发展阶段，人与自然、人与人之间的关系全面、协调，各种矛盾得以解决，形成和谐状态。

1. 资本主义生产方式是生态危机存在的根源

马克思恩格斯站在唯物史观的立场上，用生产力与生产关系的辩证关系论证了生态危机产生的可能性。人在物质资料的生产实践中，不仅要和自然界发生关系，还要和人类社会发生关系。人与自然的关系反映了生产力水平，人与人的关系反映了生产关系的形态。人与自然的关系决定了人与人之间关系的性质和发展阶段，人与人之间的关系一旦形成会对人与自然的关系形成巨大的反作用。

（1）资本主义制度下生态危机产生的原因

生态危机几乎与资本主义制度同时产生。马克思恩格斯认为资本主义的生产方式是生态危机产生的根源。

第一，资本主义单纯追逐个人经济利益的本性造成了自然资源的大肆利用和环境的严重破坏。马克思指出“一切生产都是个人在一定社会形式中并借这种社会形式而进行的对自然的占有”①，而“资本主义生产方式以人对自然的支配为前提”②。“在资产阶级看来，世界上没有一样东西不是为了金钱而存在的”③，资本家对利润的无限追求，决定了他们对自然资源的无限利用和对自然环境的无限破坏。他们不计环境成本的生产导致“到目前为止的一切生产方式，都仅仅以取得劳动的最近的、最直接的效益为目的。那些只是在晚些时候才显现出来的、通过逐渐的重复和积累才产生效应的较远的结果，则完全被忽视了。……支配着生产和交换的一个个资本家所能关心的，只是他们的行为的最直接的效益”④。正是这种

---

① 《马克思恩格斯选集》第2卷，人民出版社1995年版，第5页。

② 同上书，第219页。

③ 《马克思恩格斯选集》第1卷，人民出版社1995年版，第476页。

④ 《马克思恩格斯选集》第4卷，人民出版社1995年版，第385页。

以追逐个人利润和短期利益为中心的生产方式造成了生产消费的无限性和自然资源的有限性之间的矛盾。

第二，资本主义生产方式下狭隘的人类中心主义（实则是以资产阶级个人利益为核心的个人中心主义）的价值观造成了人与自然关系的严重对立。资本主义的生产方式忽视了人与自然对象性的辩证关系，是只重视人如何改造自然而忽视自然界自身运行规律的单向度的、短视的人类中心主义思路。马克思指出：“历史的每一阶段都会遇到一定的物质结果，一定的生产力总和，人对自然以及个人之间历史地形成的关系”，但“迄今为止的一切历史观不是完全忽视了历史的这一现实基础，就是把它仅仅看成与历史过程没有任何联系的附带因素”①。他指责在资本主义生产方式下，人们以个人短期利益为目标。在这种目标的驱使下，利己主义和个人主义思想盛行。资产阶级将个人中心主义价值观扩大至资本主义制度下的社会生活，自然资源和环境就成为为个人短期利益服务的工具。自然环境本身与人类社会的互动式关系被忽略，最终形成以社会为主体的个人中心主义的价值观。资本主义就“把人对自然界的关系从历史中排除出去了，因而造成自然界和历史之间的对立”②。

（2）资本运行对生态危机的产生起决定性作用

资本是资本主义制度的灵魂和核心，要找到生态危机产生的真正原因，必须回到资本运行的过程中去。马克思在对资本主义的批判中找到了生态危机的根源。他在《资本论》中指出：“这个过程（资本增殖过程，作者注）的完整形式是G—W—G′。其中的G′=G+△G，即等于原预付货币额加上一个增殖额。我把这个增殖额或超过原价值的余额叫作剩余价值（surplus value）。可见，原预付价值不仅在流通中保存下来，而且在流通中改变了自己的价值量，加上一个剩余价值，或者说增殖了。正是这种运动使价值转化为资本。”③ G—W—G′是马克思提出的资本在流通领域的总公式。它告

① 《马克思恩格斯选集》第1卷，人民出版社1995年版，第92—93页。

② 同上书，第93页。

③ ［德］马克思：《资本论》第1卷，人民出版社2004年版，第176页。

诉我们：第一，资本可以产生剩余价值，能够为资本家带来利润。第二，剩余价值在生产过程中产生，在流通领域实现。资本家为了获得剩余价值，必须使资本运转起来。形式上，资本的运行使资本增殖，实际上，增殖的资本来源于资本家对剩余劳动的无偿使用和对资源、环境的无偿利用。马克思指出："作为资本家，他只是人格化的资本。他的灵魂就是资本的灵魂。而资本只有一种生活本能，这就是增殖自身，创造剩余价值，用自己的不变部分即生产资料吮吸尽可能多的剩余劳动。"①

在资本运行的过程中，资本家对资源环境的无偿利用与他们对剩余劳动的无偿使用是在同一过程中进行的。一方面，资本家要通过无限扩大生产获取最大化的利润，就需要利用更多的自然资源，并向自然界排放更多的污染物。由于"在各个资本家都是为了直接的利润而从事生产和交换的地方，他们首先考虑的只能是最近的最直接的结果"②。所以，环境恶化、资源枯竭等问题都不是资本家所关心的。随着资本在全球扩张的过程，资本家开发和利用了全球的资源，破坏了全球的生态环境。另一方面，要减少生产过程中的成本以便获取更多的利润，资本家不会计算生态环境成本，即将环境成本外部化。随着资本的全球扩张，资本将它对环境、资源的压力带到全球。这正如马克思所言："每个人都知道暴风雨总有一天会到来，但是每个人都希望暴风雨在自己发了大财并把钱藏好以后，落到邻人的头上。我死后哪怕洪水滔天！这就是每个资本家和每个资本家国家的口号。"③ 可见，资本贪图剩余价值本性和扩张的外在形式决定了生态危机的产生。

2. 变革生产方式和社会制度是解决生态危机的根本途径

人类要"一天天地学会更正确地理解自然规律，学会认识我们对自然界的习常过程所作的干预所引起的较近和较远的后果"④，

---

① ［德］马克思：《资本论》第1卷，人民出版社2004年版，第269页。
② 《马克思恩格斯选集》第4卷，人民出版社1995年版，第386页。
③ ［德］马克思：《资本论》第1卷，人民出版社2004年版，第311页。
④ 《马克思恩格斯选集》第4卷，人民出版社1995年版，第384页。

并认识到自身和自然界的一体性，才有可能去控制和调节这些影响。恩格斯警示人类不按自然规律办事的严重后果，"我们每走一步都要记住：我们统治自然界，决不像征服者统治异族人那样，决不是像站在自然界之外的人似的，——相反地，我们连同我们的肉、血和头脑都是属于自然界和存在于自然界之中的；我们对自然界的全部统治力量，就在于我们比其他一切生物强，能够认识和正确运用自然规律"①。同时，恩格斯肯定了人类的认识能力是逐步提高的，对自然规律的认识也是逐步深入的。他认为人类实践越深入，便"再次地感觉到，而且也认识到自身和自然界的一体性，而那种关于精神和物质、人类和自然、灵魂和肉体之间的对立的荒谬的、反自然的观点，也就越不可能成立了"②。对于自然界运行的规律，人类经历了从畏惧、崇拜到忽视，再到主动认识、遵循规律，创造规律发挥作用的条件等过程，并认识到人类只有充分掌握自然规律，在实践中运用自然规律，才能保持人与自然和谐共生的状态。

人类要"对我们的直到目前为止的生产方式，以及同这种生产方式一起对我们的现今的整个社会制度实行完全的变革"③。马克思恩格斯将人与自然的关系纳入到人与人之间的关系中，并以人与人之间关系为基础解决人与自然之间矛盾。他们在人与自然统一的社会历史形式中，从人类文明发展规律的高度，揭示出人与自然和谐的内在途经是对资本主义生产方式的变革。从马克思早年对资本主义林木盗窃法的批判，到《德意志意识形态》中，马克思提出对自然力要"社会的"控制和"经济的"利用的主张，再到《资本论》指出的："社会化的人，联合起来的生产者，将合理地调节他们和自然之间的物质变换，把它置于他们的共同控制之下，而不让它作为盲目的力量来统治自己；靠消耗最小的力量，在最无愧于和

① 《马克思恩格斯选集》第4卷，人民出版社1995年版，第383—384页。

② 《马克思恩格斯全集》第20卷，人民出版社1971年版，第519页。

③ 《马克思恩格斯选集》第4卷，人民出版社1995年版，第384页。

最适合于他们的人类本性的条件下来进行这种物质变换”①，无不透露着马克思对生产方式和制度变革的追求。由于马克思的生态观把生态危机的根源归结于资本主义制度，归结于资本逻辑，从而它就必然合乎逻辑地得出结论，消除生态危机就是一场反对资本主义的战斗，人类对生态危机与对资本主义的反对应当是同步的②。最终，马克思认为，只有共产主义才是实现人与自然、人与人和解，消除生态危机的最终途径。马克思指出：“社会是人同自然界的完成了的本质的统一，是自然界的真正复活，是人的实现了的自然主义和自然界的实现了的人道主义。”③ 共产主义使人与人、人与自然处于统一和谐的关系之中，是人的本性和本质全面实现的终极体现，因为“这种共产主义，作为完成了的自然主义 = 人道主义，而作为完成了的人道主义 = 自然主义，它是人和自然界之间、人和人之间的矛盾的真正解决”④。

（四）价值评析：时代价值与历史局限性

马克思恩格斯的生态文明思想是在批判地继承德国古典哲学，尤其是黑格尔的辩证自然观和费尔巴哈自然唯物主义基础上形成的。他们运用实践这一中介，在人与自然关系上实现了本体论、认识论和实践论的统一。这一科学的研究范式为当今生态问题及其他社会问题的合理解决提供了思想基础。当然，由于时代的局限性，无论从性质还是规模上讲，已成为当今全球性危害的环境问难是马克思和恩格斯没能想到的。马克思和恩格斯思想中的生态文明思想不可避免地受到历史的限制。

1. 马克思恩格斯生态文明思想的历史意义

马克思恩格斯虽没有明确提出生态文明的概念，但生态文明的

---

① 《马克思恩格斯全集》第25卷，人民出版社1974年版，第926页。

② 陈学明：《在马克思主义指导下进行生态文明建设》，《江苏社会科学》2010年第5期。

③ 《马克思恩格斯全集》第3卷，人民出版社2002年版，第301页。

④ 同上书，第297页。

思想却贯穿于马克思主义理论始终。

(1) 揭示了生态危机的成因和实现生态文明的制度途径

马克思恩格斯对生态危机的认识与传统西方哲学有着根本的区别。关于人与自然，西方哲学家通常将他们看作泾渭分明的两极。他们要么脱离社会来谈自然，要么脱离自然来谈社会历史，“好像人们面前始终不会有历史的自然和自然的历史”①。割裂人与自然关系的研究，其结果要么是只重视自然，陷入自然中心主义的立场；要么是只重视人，陷入狭隘的人类中心主义立场。究其原因，在形式上他们找不到形成人与自然关系的中介，抽象地把生态危机产生的原因归结于科学技术、人口、“人类中心主义”价值观等，其实质是试图回避社会生产方式这一现实基础，在资本主义的制度框架内解决生态危机。马克思恩格斯将实践的观点引入人与自然的关系之中，将自然—社会—人形成整体，并从动态的角度解释了“人化自然”、“自然化人”的辩证过程，并解释了人与自然的关系在资本主义制度下表现出剧烈矛盾的原因。

(2) 指明了生态问题产生和解决的实践途径

马克思恩格斯首先从本体论的高度揭示了自然相对于人的先在性，从实践论的高度揭示了人与自然的一致性，从认识论的高度揭示了人类具备认识自然规律并按照自然规律办事的能力。其次，他们将人作为历史的本体和认识、改造世界的主体，实现了历史本体论与历史认识论的统一，从而将认识世界和改造世界的活动统一于实践中。由此，马克思恩格斯在生态问题上的逻辑就表现为：生态问题在人类社会的实践中产生，生态问题的解决就要在现实的实践中寻找原因，并在实践中最终解决，从而指明了认识和解决生态危机的基本方向和道路。

(3) 开启了从社会制度中探讨生态危机的新视角

马克思恩格斯始终站在人类社会发展的立场上，将人与自然的最终和解作为人自由全面发展的重要内容。他们运用历史唯物主义

① 《马克思恩格斯选集》第1卷，人民出版社1995年版，第76页。

建构了“自然—人—社会”的整体，将人与自然的关系纳入到人与人的关系之中，找到了生态问题产生的根源，即：生态问题的根源在于人与人之间关系的异化，这种异化状态在资本主义制度下深化。这一思路打破了西方传统哲学在资本主义制度下解决生态危机的局限性，打开了从生产力发展、生产方式变革的现实途径中解决生态问题的视角。马克思恩格斯还进一步阐明了自然解放、社会解放和人的解放的辩证统一性，揭示了生产力发展、科技进步与环境保护的关联性，指出解决生态问题的途径在于认识自然规律，变革社会制度，消除人与人之间的异化关系。最后指出，只有在共产主义制度下，才能实现人与自然的真正和解。

2. 马克思恩格斯生态文明思想的当代价值

（1）为解决生态问题提供了科学的视角和方法

恩格斯指出：“马克思的整个世界观不是教义，而是方法。它提供的不是现成的教条，而是进一步研究的出发点和供这种研究使用的方法。”① 马克思主义始终以对人类社会前途和命运的终极关怀为己任，始终将人的自由而全面发展作为出发点和归宿。马克思恩格斯的生态文明思想运用了历史唯物主义视角和方法，找到了人与自然和谐发展的根本途径。他们将人与自然的关系纳入人与人之间的关系之中，因而只有人与人之间异化关系回归，才能实现人与自然的和谐发展。这一科学的视角和方法为解决当代全球生态问题提供了思路和方法。

（2）为解决生态问题提供了基本路径

当今，生态问题已成为全球性的问题，如何打破国家间的政治屏障，使生态问题在全球范围内得以解决将成为全球各国共同努力的方向。生态问题的产生具有国别性，而解决又极具全球性。各国不仅存在不同的国家利益，而且存在着社会制度、意识形态等方面的差异，使得生态问题的出现和解决都夹杂着浓厚的政治和意识形态的色彩。人类寄希望于各国生态利益的一致，或单纯依靠一国努

---

①《马克思恩格斯选集》第4卷，人民出版社1995年版，第742—743页。

力改善生态环境都不现实。马克思恩格斯的生态文明思想为解决这一全球性的现实问题提供了具体途径。首先，资本主义对经济理性的追逐与生态理性的实现是天然矛盾的。只有在公有制的生产方式下，依靠社会化的人、联合起来的生产者，合理调节他们与自然间的物质变换，靠消耗最小的能量，才能在最适合人类本性的条件下来进行这种物质变换。其次，只有共产主义在全球范围实现，才能在全球范围内实现人与自然的和谐共处。共产主义消灭了国家，社会公共事务由全球统一计划和管理，共同的生态利益成为全球人民共同的福祉，真正实现人与自然的和谐相处。

（3）为当代社会文明发展模式的构建提供了思想基础

辩证唯物主义自然观认为人来源于自然界，在自然界中生存，在与自然界进行物质变换的过程中与自然界形成统一整体。然而，在发达国家工业化时期，由于科学主义、个人中心主义盛行，人类企图用先进的科学技术征服、占领自然，将自然界变成经济和社会发展的场地、工具和附属品。直到20世纪60年代，人类才逐渐重视生态问题，开始反思工业化对自然环境的不利影响。如美国经济学家K. 波尔丁提出的“宇宙飞船理论”是人类反思工业化对自然界破坏的早期代表。20世纪七八十年代，在世界范围内开展了关于“增长的极限”的讨论，可持续发展模式提出。与此同时，生态学马克思主义为代表的西方左翼思潮将生态危机的矛头指向资本主义生产方式和资本主义制度。20世纪90年代，发展中国家开始探索可持续发展的道路。1997年7月，党的十五大报告提出我国实施可持续发展战略；2002年11月，党的十六大提出我国要走新型工业化道路；2007年11月，党的十七大第一次把建设生态文明作为一项战略任务明确提出来；2012年，党的十八大将生态文明作为社会主义事业“五位一体”总布局的重要内容写入党的报告。

3. 马克思恩格斯生态文明思想的时代局限性

马克思恩格斯的生态文明思想受时代所限，表现出以下局限性：第一，对生态文明的研究缺乏主动性。他们对生态问题的论述零散地分布在一些著作中，没有展开专门、主动的研究，对生态文明思想的论述缺乏系统性。第二，提出的手段和途径不具体。马克思恩格斯针对资本主义的生态问题，主要提出了依靠人对自然规律认识能力的提高，科学技术的进步，变革资本主义生产方式消除人与自然的异化关系，从而获得人与自然、人与人之间的双重和解。但是在这一问题上，他们没有明确而具体的思路，只有指导意义而缺乏操作性。第三，对生态问题的全球性缺乏考虑。虽然他们明确了资本扩张的本性将生态问题引向全球，但是没有在全球视角下对人类文明形态的更替作出思考。

二　他山之石：西方社会的几种生态观及其启示

（一）生态学马克思主义的生态危机观

生态学马克思主义是20世纪中期西方马克思主义发展的最新流派之一。它是在资本主义全球化进程加剧，生态危机逐渐呈现出全球扩散趋势，并成为威胁人类生存和发展的全球性问题，西方学者不得不寻求解决生态问题新途径的背景下出现的理论思潮。主要代表人物有加拿大的本·阿格尔、威廉·莱斯，法国的安德瑞·高兹，英国的戴维·佩珀，美国的詹姆斯·奥康纳、约翰·贝拉米·福斯特以及德国的瑞尼尔·格伦德曼等。

生态学马克思主义的发展包括三个阶段。20世纪60年代，生态学马克思主义初步发展。以马尔库塞为主要代表的生态学马克思主义者，以辩证唯物主义自然观为依据，论证了“解放自然”的必要性、可能性，拉开了生态学马克思主义研究的序幕。20世纪80年代，生态学马克思主义进入兴盛发展阶段。随着绿色运动的兴起，生态学马克思主义者提出了他们的政治思想以及未来社会发展的构想。20世纪90年代，生态学马克思主义开始走向成熟和创新阶段。随着生态问题的全球化，生态学马克思主义者将矛头直指资本主义制度，论证了生态危机与资本主义制度的必然联系。

1. 唯物史观的生态学视域

西方哲学家大多认为历史唯物主义缺乏对生态环境的足够关注，也没有对生态问题进行系统阐发。但是生态学马克思主义者首先肯定了唯物史观与生态学之间的密切联系，并提出两种观点：一种观点以美国的詹姆斯·奥康纳和加拿大的本·阿格尔为代表。他们认为历史唯物主义和生态学并不矛盾，可以通过改造历史唯物主义理论来开启其生态维度。另一种观点以美国的约翰·贝拉米·福斯特和英国的戴维·佩珀为代表，他们认为历史唯物主义内在地包含了生态学的思维方式，它在本质上就是一种生态唯物主义哲学。①

奥康纳将历史唯物主义理论同生态学之间的内在关联作为生态学马克思主义理论的逻辑起点。在奥康纳看来，历史唯物主义的方法是研究社会历史变迁和转型的重要理论和方法，当然为研究生态问题提供了历史唯物主义视角。他指出："人类历史和自然界的历史无疑是处在一种辩证的相互作用关系之中的；他们认识到了资本主义的反生态本质，意识到了构建一种能够清楚地阐明交换价值和使用价值的矛盾关系的理论的必要性；至少可以说，他们具备了一种潜在的生态学社会主义的理论视域。"② 奥康纳在承认历史唯物主义有生态视域的同时，指出："历史唯物主义事实上只给自然系统保留了极少的理论空间，而把主要的内容放在了人类系统上面。"③ 因此，要将生态学在历史唯物主义理论体系中的地位彰显出来。他提出了两种途径，一是"需要将自己的内涵向外扩展到物质自然界之中去，因为，自然界，不管是'第一'自然还是'第二'自然的历史，都将对人类历史产生影响，反之亦然，这取决于具体的时代和环境因素"④。二是历史唯物主义理论"须将内涵向

① 王雨辰：《生态批判与绿色乌托邦——生态学马克思主义理论研究》，人民出版社2009年版，第41页。

② ［美］詹姆斯·奥康纳：《自然的理由：生态学马克思主义研究》，唐正东、臧佩洪译，南京大学出版社2003年版，第6页。

③ 同上书，第7页。

④ 同上书，第9页。

内延伸，因为，人类在生物学维度上的变化以及社会化了的人类自身的再生产过程，不管在多大程度上被社会所调解和构建，都将对人类历史和自然界的历史产生影响”①。

历史唯物主义如何向外和向内延伸，奥康纳提出了“文化维度”和“自然维度”。他指出，历史唯物主义把人类历史的发展过程看作由生产力和生产关系双向运动的产物。这种拘泥于技术维度的解释，缺乏对生产力和生产关系主观维度的解释，是历史唯物主义的缺陷。他认为生产力和生产关系是自然的，同时也是文化的。首先，生产力和生产关系具备客观维度。自然系统的化学、生物和物理变化是独立于人类系统自主运行的，它们必然会以其内在属性和规律影响人类的生产过程和生产力发展。其次，生产力和生产关系具备文化维度。生产力不仅由自然界提供的生产资料、生产工具和劳动对象构成，而且它还包括活劳动，因此生产力的组合方式和协作方式受文化实践活动影响。再次，劳动具有两个维度。人类历史与自然历史是存在交互作用的，两者产生交互作用的中介就是“社会劳动”。作为中介，劳动既不能忽视自然的客观性和规律性，又要构建在文化规范和文化实践的基础上，因而，“劳动”也具有文化维度和自然维度。奥康纳通过引入“自然维度”和“文化维度”两个概念，阐述了“文化”、“自然”和“劳动”三者的辩证关系及其形成的统一整体，同时强调自然因素和文化因素对生产力和生产关系的作用，从而证明了生态问题的产生同人类社会的生产和生活方式密切相关。

总的来说，奥康纳看到了马克思恩格斯历史唯物主义对解决生态问题的理论和方法基础，并从历史唯物主义的视角解释人类社会与自然之间的关系。但是他赋予生产力、生产关系以自然和文化的维度，强调自然、社会和劳动之间的不确定性，在一定程度上弱化了生产力对生产关系的决定作用和经济基础对上层建筑的决定作

① ［美］詹姆斯·奥康纳：《自然的理由：生态学马克思主义研究》，唐正东、臧佩洪译，南京大学出版社2003年版，第9—10页。

用，容易失守历史唯物主义的基本立场，陷入理论上的折中主义和多元决定论。

持另一种观点的生态学马克思主义代表人物福斯特明确肯定唯物主义和生态学思维方式完全一致。他认为马克思在自然观上接受本体论唯物主义和认识论唯物主义，然后通过劳动实践建立了自然界与人类社会之间的生态联系，从而把自然史和社会史有机地联系起来，构成了马克思主义生态哲学的自然观。因此，福斯特认为马克思的唯物主义是“自然历史过程”中的唯物主义。

福斯特首先指出了马克思在人与自然关系问题上的三个重要思想。一是，马克思的“异化劳动”理论，内在地包含了人与自然异化的思想；二是，马克思强调了人与自然之间的有机联系和自然的历史性特征；三是，马克思坚持只有在“现实王国”中，通过实践才能最终解决人与自然的异化问题。其次，他指出近代自然科学，特别是达尔文的进化论、摩尔根的人类学和李比希的农业化学在马克思恩格斯生态唯物主义自然观形成中的重要作用。马克思通过现代自然科学，系统地研究了自然史与人类史的关系，运用“物质变换断裂”概念解释了自然异化的本质和资本主义制度反生态的本质。最后，在解决“物质变换断裂”问题时，福斯特指出要实现生态社会主义，“不仅要摒弃资本主义的积累方式，还必须改变国家与资本的合作关系，由一种崭新的民主化的国家政权与民众权力之间的合作关系所取代”①。

面对日益严重的生态问题，福斯特始终站在马克思主义的立场上，构建马克思主义的生态学，以捍卫马克思主义的当代性。他以历史唯物主义为基点构建生态学，强调了历史唯物主义的基础地位。然而，福斯特过分强调“物质变换断裂”在资本主义社会人与自然关系中的存在，并将其作为马克思恩格斯思想的主要内容是有失偏颇的。

---

① ［美］约翰·贝拉米·福斯特：《生态危机与资本主义》，耿建新、宋兴无译，上海译文出版社 2006 年版，第 128 页。

2. 资本主义生产方式与生态危机

生态学马克思主义者认为生态危机是同资本主义生产方式相联系的。将生态危机与资本主义生产方式联系起来，并以此批判资本主义制度是生态学马克思主义的理论核心。

佩珀指出："自然的用处和观念随着生产方式的改变而改变。在资本主义制度下，不像以往的生产方式，改变自然是为了获得交换价值和使用价值，因为自然往往以商品的形式被客体化。"① 资本主义对自然的认识已经商品化，自然界成为他们获取利润的手段。在这样的目的下，"自然以及对自然的看法影响和改变人类社会——人类社会改变自然，被改变的自然又影响着社会进一步改变它"②。因此，人类社会与自然界的关系异化。

福斯特认为资本主义始终具有反环境特征，生态危机是同资本主义制度相联系的。他驳斥了西方主流经济学家近年来提出的资本主义经济"非物质化"的发展趋势将成为所有环境问题的最主要解决方案。福斯特认为"非物质化"并不可能实现，因为燃烧矿物燃料是当代工业国家最主要的经济活动，也是向空气和土地排放废料的最大污染源。同时，"资源利用率的提高也始终伴随着经济规模的膨胀（和更加集约的工业化过程），所以也始终促使着环境在不断恶化"③。西方主流经济学家站在传统或新古典经济学框架内，认为出现生态环境问题的原因在于未将环境、资源作为一般的商品进行定价。福斯特站在马克思主义的立场上指出了他们的矛盾之处。第一，他们仅仅将自然物作为有用物，使其服从于人的需要，将人与自然的关系降格为占有与被占有的关系，完全忽视了自然发展的规律。这实际上是服从于资本主义利润要求的狭隘的功利主义、短视的人类中心主义价值观的表现。第二，将环境这一不可度

---

① ［英］戴维·佩珀：《生态社会主义：从深生态学到社会正义》，刘颖译，山东大学出版社2005年版，第156页。

② 同上书，第155页。

③ ［美］约翰·贝拉米·福斯特：《生态危机与资本主义》，耿建新、宋兴无译，上海译文出版社2006年版，第16页。

量的成本和效益计算出适当的价值是荒谬的。价值是无差别的人类劳动的凝结，自然、环境都不是人类劳动的凝结。第三，在经济中内化环境的方式只能在短时间内使问题缓解，最终反而会加剧矛盾，因为资本主义商品经济有绝对的动力，即一味追求扩大它的利润范围而不考虑对生物圈的负面作用。

在福斯特看来，生态危机发生在资本主义制度下是有其必然性的。环境保护与改善，可持续发展道路的选择“与冷酷的资本需要短期回报的本质是格格不入的。资本需要在可以预见的时间内回收，并且确保要有足够的利润抵消风险，并证明好于其他投资机会。……这样一来，资本主义投资商在投资决策中短期行为的痼疾便成为影响整体环境的致命因素”①。因此，福斯特认为“这种把经济增长和利润放在首要关注位置的目光短浅的行为，其后果当然是严重的，因为这将使整个世界的生存都成了问题。一个无法逃避的事实是，人类与环境关系的根本变化使人类历史走到了重大转折点”②。福斯特还指出，人类与地球所面临危机的原因是超出生物学、人口统计学和技术以外因素的，“这便是历史的生产方式，特别是资本主义的制度”③。他引用了马克思在《资本论》中的话，提出解决全球性生态矛盾的办法就是进行社会和生态革命，让社会化的人、联合起来的生产者合理调节他们和自然之间的物质变换，并将他们置于共同的控制之下；靠消耗最小的力量，在最无愧于和最适合他们的人类本性的条件下来进行物质变换。

安德烈·高兹（Andre Gorz）认为资本主义崇尚“经济理性”，而“经济理性”与“生态理性”根本对立。“经济理性”是工具理性，而“生态理性”是价值理性。“生产力的经济规则与资源保护的生态规则截然有别。生态理性旨在用这样一种最好的方式来满足（人们的）物质需求；尽可能提供最低限度的、具有最大使用价值

① ［美］约翰·贝拉米·福斯特：《生态危机与资本主义》，耿建新、宋兴无译，上海译文出版社2006年版，第3—4页。

② 同上书，第60页。

③ 同上书，第68页。

和最耐用的东西，而花费少量的劳动、资本和资源就能生产出这些东西。与此相反，对最大量的经济生产力的追求，则旨在能卖出用最好的效率生产出来的最大量的东西，以获取最丰厚的利润，而所有这些建立在最大量的消费和需求基础之上。”① 资本主义社会强调“经济理性”就会忽视“生态理性”；强调“生态理性”，就势必消除资本主义的利润动机。高兹还强调苏联的社会主义模式也是一种“经济理性”模式。它与资本主义唯一不同的是，这种“经济理性”是有计划、甚至是精心规划的。

可见，以福斯特、高兹为代表的生态学马克思主义代表人物都认为资本主义制度是生态危机的根源。这种认识的思想基础是马克思主义的唯物史观，但具体观点却有着两大局限：第一，他们找到了生态危机的制度原因，但是没有挖掘导致生态危机的资本根源。资本主义制度的核心是资本，资本的本性是不断实现自身的增殖和扩张。资本在不断地扩张中获取利润，是不择手段和贪得无厌的。只要经济运行由资本作主体，它就必然不会考虑保护生态环境的成本。第二，他们认为社会主义就能摆脱生态危机，但事实上，社会主义初级阶段虽脱离了资本主义制度，但存在严重的生态问题。社会主义初级阶段，生产力水平低下，要利用资本发展生产力就必然会产生生态问题。第三，社会主义制度一旦建立就能消除生态危机的观点也欠妥当。社会主义制度并不是建立起来就尽善尽美。生态危机的制度根源消除了，也并不意味着影响生态环境的其他因素也消失了。

3. 技术异化与消费异化批判

资本主义国家在相对稳定的社会状态下，生产力和科学技术得以迅猛提升，为开发、利用自然提供了良好的基础。然而，为满足资本无限增殖的要求，无休止地扩大再生产造成了对环境和资源的巨大压力。为消耗扩大化再生产的产品，资本主义国家又通过增加福利、扩大信贷等途径提高消费者的消费能力和消费欲望，以维持

① Andre Gorz. Capitalism, Socialism, Ecology, Verson Books, 1994：32 - 33.

生产和消费之间的平衡。由此，资本主义的生产和消费都处于一种畸形的“膨胀”的状态，以此逃避由生产过剩造成的经济危机。生态学马克思主义者分别从技术异化和消费异化的角度指出资本主义对技术的使用和异化消费是造成生态危机的原因。

（1）对科学技术的批判

在当代西方绿色思潮中，关于科学技术对人类作用的观点有技术悲观主义和技术乐观主义之分。技术悲观主义认为技术是生态危机的罪魁祸首，解决生态问题的出路在于放弃技术，回到前技术时代。技术乐观主义则认为技术可以解决工业文明发展过程中的生态问题。生态学马克思主义者既不赞同将技术看作生态灾难的罪魁祸首，也不赞同将技术视为生态危机的救世主。他们认为，上述两种观点的失误在于抽象地谈论科学技术运用的后果，忽视了科学技术运用的社会结构、政治结构和经济结构。生态学马克思主义者继承了马克思主义将科学技术置于社会制度下加以考察的传统，将生态危机理解为资本主义利用科学技术对自然和人类进行双重控制的必然结果。关于科学技术在其运用过程中产生越来越大负效应的原因，生态学马克思主义者主张在资本主义经济结构及其所承载的价值观中去寻找。

生态学马克思主义者认为资本主义制度使技术具备了经济功能和社会功能。奥康纳继承了马尔库塞“技术的资本主义使用”的观点，认为资本主义对技术的使用使其具备了经济、政治和意识形态的功能。从技术的经济功能看，第一，技术提高了资本主义的劳动生产率和利润，同时降低了原材料和燃料的成本；第二，技术开发新的消费品扩大潜在的消费市场，从而扩大资本家的获利范围。技术的政治和意识形态功能表现为技术融入了资本主义生产体系和管理体系，从而更加有效地操纵和控制剩余价值的生产和对工人的压榨。

资本主义的各种危机，包括生态危机，都随着技术的进步而不断升级，造成了技术导致生态危机的假象，掩盖了资本主义社会内在的基本矛盾。生态学马克思主义者剥离了这一表象，指出“技术的选择不是在孤立状态中进行的，它们受制于形成主导世界观的文化与社会制度”①。资本主义国家以高度集中化为特征的资本主义技术体系全面控制自然不可避免地导致对人的控制，即“对自然的统治必然通过技术的统治影响到对人的统治”②，而对工人的控制最终还会转化为对自然资源的滥用，形成将对工人的统治和对自然的统治结合起来的逻辑。生态学马克思主义者抛开技术导致生态危机的假象，紧紧围绕资本主义生产方式这一核心，指出是资本主义对技术的使用加深了资本主义社会的各种矛盾，即“资本主义生产关系所采用的技术类型及其使用方式使自然以及其他的一些生产条件发生退化，所以资本主义生产关系具有一种自我毁灭的趋势”③。

资产阶级回避了资本主义生产方式和价值观造成生态危机的事实，信奉技术造成生态危机的理由，并以此做出技术也能改善环境的逻辑判断。生态学马克思主义者反对资本主义制度下技术能够解决生态问题的观点。因为首先“资本主义只发展那些与其逻辑相一致的技术，这样，这些技术就与资本主义的持续统治相一致了”④。其次“将可持续发展仅局限于我们是否能在现有生产框架内开发出更高效率的技术是毫无疑义的，这就好像把我们整个生产体制连同非理性、浪费和剥削进行了‘升级’而已。……能解决问题的不是技术，而是社会经济制度本身”⑤。因此，科学技术本身并不需要被否定，需要被否定的是科学技术的集中和垄断，及目前对科学技术的使用方式。

（2）对异化消费的批判

马尔库塞曾在《单向度的人》中指出，当代西方人的需求是一

---

① ［美］丹尼尔·科尔曼：《生态政治：建设一个绿色社会》，上海世纪出版集团2006年版，第27页。

② Gorz Andre. *Ecology as Politics*. London：Plu to Press Limited，1980：20.

③ ［美］詹姆斯·奥康纳：《自然的理由：生态学马克思主义研究》，唐正东、臧佩洪译，南京大学出版社2003年版，第331页。

④ Gorz Andre. *Ecology as Politics*. London：Plu to Press Limited，1980：19.

⑤ ［美］约翰·贝拉米·福斯特：《生态危机与资本主义》，耿建新、宋兴无译，上海译文出版社2006年版，第95页。

种虚假需求，人们只是通过疯狂消费来确定幸福。阿格尔认为这种需求仅仅是“人们为补偿自己那种单调乏味的、非创造性的且常常是报酬不足的劳动而致力于获得商品的一种现象”[①]，在本质上是异化消费。莱斯和阿格尔指出生态危机的根源在于异化消费，提出消除异化消费的途径在于建立稳态经济。

第一，用生态危机理论补充经济危机理论。经典的马克思主义理论家对资本主义危机的研究主要集中在经济领域。生产资料私有制和社会化大生产的基本矛盾造成了生产的相对过剩和生产者的贫困，导致了资本主义社会的两极分化、对立和阶级斗争。然而，资本主义进入垄断后，并没有按照经典作家的设想出现不可拯救的经济危机，或者危机处在资本主义国家的管理和控制之下。资本主义国家既纠正了无政府状态，又改善了无产阶级的生活状况。资本主义不但没有灭亡的迹象，相反还有在全球进一步发展的态势。因此，资本主义经济危机理论不能解释资本主义国家的发展现状，显得“过时”了。

第二，批判异化消费，认为异化消费是生态危机产生的根源。莱斯和阿格尔认为，由异化生产导致经济危机的理论已经过时，现今的资本主义国家最大的危机是由异化消费引发的生态危机。阿格尔指出：“历史的变化已使原来的马克思主义关于只属于工业资本主义生产领域的危机理论失去效用。今天危机的趋势已转移到消费领域，即生态危机已取代了经济危机。”[②] 消费者的消费已经成为病态、奢侈的状态，是消费者的消费欲望迫使生产无限扩大。资产阶级反而只有无限制地扩大再生产，才能满足消费者的消费欲望。

第三，消除异化消费，建立稳态经济是解决生态危机的根本途径。莱斯和阿格尔认为异化消费将资本主义的矛盾从生产领域转向了消费领域，甚至成为资本主义运行和存在的基础。为扬弃异化消费，他们构建了“期望破灭辩证法”，具体内容包括：缩减旨在为

① ［加］本·阿格尔：《西方马克思主义概论》，慎之等译，中国人民大学出版社1991年版，第494页。

② 同上书，第486页。

人的消费提供源源不断商品的工业生产、缩减自己的需求，重新思考需求方式，使异化消费变成‘生产性闲暇’和‘创造性劳动’三个步骤。他们试图通过商品供应危机引发无产阶级消费期望的破灭，从而导致无产阶级对资本主义制度的怀疑，使无产阶级重新调整自己的价值观、消费观，建立革命性的需求理论，最终消除异化消费。

莱斯和阿格尔以资本增殖的本质为逻辑起点，以克服资本主义生产的相对过剩为逻辑终点，在生产与消费的辩证关系中指出了资本主义生态危机产生的原因、消除途径等，但仍存在明显缺陷。第一，用生态危机来取代经济危机弱化了对资本主义基本矛盾的关注。资本主义生产的无限性是由于私有制条件下追求个人利润最大化导致的。抛开资本主义私有制去谈对生产无限性的限制是不可能从根本上解决问题的。第二，颠倒了生产和消费之间的辩证关系。生产决定消费，消费反作用于生产。通过降低消费来减少生产，是本末倒置。在资本主义早期，无产阶级的消费欲望和消费能力明显不足，但同样抑制不了资本家无限地扩大再生产。莱斯和阿格尔的生态危机理论虽然与经典马克思主义的经济危机理论有冲突。但是这一理论立足于分析资本主义商品生产的扩张与生态危机的关系，揭示了导致生态危机的直接原因是资本主义无限制地扩大再生产；最后将异化消费作为生态危机产生的根源，为缓和生态危机提供了现实路径。

4. 生态危机的最终解决

生态学马克思主义者在资本主义生产方式中找到了生态危机产生的根源，并提出了解决生态危机的政治主张。他们善于从价值观的变革和社会结构的变革两方面阐述政治主张。

价值观变革是社会结构变革的前提。福斯特首先提出了“以人为本”的思路。他认为：“只有重视和解决与生产方式相关的经济和环境不公的问题，生态发展才有可能。对经济的发展，生态学的态度是适度，而不是更多。应该以人为本，尤其是穷人，而不是以生产甚至环境为本，应该强调满足基本需要和长期保障的重要性。

这是我们与资本主义生产方式的更高的不道德进行斗争所要坚持的基本道义。”① 资本主义的发展是非正义的，因此要改变资本主义生产的目的和结构，将生产力和经济的增长用于满足人的生活从而实现人与人之间的和谐，进而实现人与自然之间的和谐。佩珀进一步阐释了“以人为本”的价值观，认为这是一种理性的人类中心主义，它“拒绝生物道德和自然神秘化以及这些可能产生的任何反人本主义，尽管它重视人类精神及其部分地由于自然其他方面的非物质相互作用满足的需要”②。珮珀的观点符合马克思恩格斯的生态价值观，与生态中心主义的生态伦理观有本质区别。此外，生态学马克思主义者还提出要树立正确的消费观、幸福观等思想，如莱斯提出人的满足最终在生产活动而不在于消费活动，要求人们从不要将满足和幸福寄托于劳动之外的受资本家操纵的商品消费中。

从社会结构变革的方面看，生态学马克思主义者提出变革资本主义的生产关系是同他们对生态危机根源的认识密切联系的。“阶级关系是经济、社会和政治剥削的来源，而且，这些又导致生态的掠夺和破坏。真正的、后革命的、共产主义的社会将是无阶级的社会，而当这种社会实现时，国家、环境破坏、经济剥削、战争和父权制都将消亡，不再是必需的。”③ 因此，生态学马克思主义者还提出将生态运动同社会主义运动有机地结合起来，试图使生态运动走向激进的社会运动，实现资本主义社会结构的变革。因为“暂且不谈资本主义制度，人类与地球建立一种可持续性关系并非不可企及。要做到这一点，我们必须改变社会关系”④。但是在这方面，他们却存在着悲观情绪，因为“迄今尚没有据以实现这种和谐的适

① ［美］约翰·贝拉米·福斯特：《生态危机与资本主义》，耿建新、宋兴无译，上海译文出版社2006年版，第42页。

② ［英］戴维·佩珀：《生态社会主义：从深生态学到社会正义》，刘颖译，山东大学出版社2005年版，第354页。

③ 同上。

④ ［美］约翰·贝拉米·福斯特：《生态危机与资本主义》，耿建新、宋兴无译，上海译文出版社2006年版，第96页。

当的阶级激进主义纲领”①。

（二）生态中心主义的生态伦理观

生态伦理学于20世纪20年代至40年代末形成，20世纪70年代逐渐成为较为系统、影响力较为广泛的一种学说，其代表性的成果有法国哲学家阿尔伯特·施韦兹以“敬畏生命”为核心的情感主义伦理学，美国著名环境哲学家罗尔斯顿的自然内在价值理论，挪威著名哲学家阿恩·纳斯的“深生态学”等。中国学者从80年代开始关注国外这一领域的研究，使生态伦理学成为90年代学术界研究的热点。

1. 以生态伦理学为理论前提

生态伦理学作为伦理学的一个分支，延续了伦理学的研究方法。它将道德关怀从社会延伸到自然，呼吁将人与自然的关系确立为一种道德关系。生态伦理学从自然万物的平等性、系统性和共生性出发，赋予自然万物与人同等的地位，以此唤醒人类对自然界的尊重和关怀，形成和谐关系。它研究的价值在于：面对人类对生态环境造成的深重灾难及这些灾难对人类社会的报复，试图通过提升长期以来作为人类社会发展牺牲品、对立面的自然物及生态环境的地位，唤起人类的生态意识。这种思路打破了仅仅关注人的利益和协调人际利益的道德价值观，将可持续发展作为人类社会重要的价值目标。

生态伦理学的核心观点是确定自然界的主体地位、主体价值及主体权利。极端的生态伦理学者认为自然万物都应成为主体，并具有主体价值。这种观点虽直指狭隘的人类中心主义弊端，但自身也陷入泛主体主义。泛主体主义使人丧失了中心地位，人的存在、人的实践就无所谓价值了。构建生态伦理的最终目的在于呈现人类社会的生态价值目标，为人类的发展服务。因此，“我们尊重自然，

① ［加］本·阿格尔：《西方马克思主义概论》，慎之等译，中国人民大学出版社1991年版，第508页。

尊重规律，但决不是说，这种转变使得我们认识到了人类与自然伦理的共通，或是说自然拥有了人伦之理，而只是说为了人类的利益使得其具有了值得我们关怀的伦理价值，这才是我们生态伦理真实的出发点和扎实的立足点”①。

2. 以“自然价值论”和“自然权利论”为理论基石

生态中心主义强调在生态系统的整体性，认为人与动物一样，是自然界中普通的一员，并无特殊地位。这种观点直指近代以来盛行的人类中心主义。生态中心主义者反对将人类之外的存在物看作人存在的工具，认为人之外的存在物仍可以成为主体。他们提升环境的地位，试图将自然环境提升至社会发展的主体地位，或与人类并列成为主体，以颠覆人类中心主义的价值观；试图通过承认人之外的物也同样具备与人相同的权利和价值，来阻止人类对自然界的破坏行为。宣扬“生态主体”的进步性在于提升人类对生态环境的重视程度，以求得人与自然的和谐相处。

要批判生态中心主义的观点，必须正确理解“主体”和“价值”两个概念。第一，何为主体？人之外的物是否可以成为主体？辩证唯物主义认为，主体指处于一定社会关系中从事认识活动和实践活动的人。是否将人作为社会发展的主体，是关系到哲学在历史观上是否坚持了彻底唯物主义的根本问题。将环境提升至主体地位的“生态中心主义”本质上是一种二元世界观。第二，何为价值？马克思将价值界定为一种属人的关系，即物所具备的属性满足人的某种需求，而这种需求是在人这一主体和物这一客体的关系中成立的，因此价值具有明显属人特征。关于自然界本身是否具有价值的问题，马克思也曾指出：“被抽象地理解的，自为的，被确定为与人分隔开来的自然界，对人来说也是无。”② 他只承认与人发生关系的自然界，认为与人分离的自然界是没有价值的。

生态中心主义批判的前提也值得商榷。生态中心主义反对人类

① 包庆德、王金柱：《生态伦理及其价值主体定位——从〈新华文摘〉文献反响看生态哲学的研究进展》，《北京航空航天大学学报》（社会科学版）2005 年第 3 期。

② 《马克思恩格斯全集》第 3 卷，人民出版社 2002 年版，第 335 页。

中心主义。人类中心主义符合马克思主义的实践观。人类社会是自然界存在的价值，没有人类社会的生存和发展，自然界的存在就毫无意义。自然界相对于人类社会，不具备自我改造的能力，只能充当人类文明进步的载体和表现手段。追求人与自然的和谐相处，归根结底是要通过改善人与自然的矛盾关系，实现人类社会的可持续发展。因此，生态自然发展的最终目的是为人类社会服务。

3. 具有后现代倾向

后现代主义源于对工业文明及其负面效应的思考和回答。它批判现代主义，并对机械划一的整体性、中心、同一性进行解构。生态中心主义之所以具有后现代主义倾向，主要原因有三：第一，生态中心主义认为将人与自然区分为主、客体，导致了人类对自然界的滥用。因此，他们打破了近代哲学主、客体相分的思维方式，反对人类的中心性，试图建立自然—社会二元论的结构，有相对主义的色彩。第二，生态中心主义反对建立在理性主义基础上的科学技术，并将科学技术看作生态危机的根源，这与后现代主义将科学和理性看作一切社会弊病的根源相一致。第三，生态中心主义对“生态价值”、“生态权利”的宣扬，表现出神秘主义色彩，这种缺乏科学依据的论点跟后现代主义依靠个人经验、仅凭逻辑语言阐述的思维方式一致。生态学马克思主义者戴维·佩珀评价了生态中心主义的后现代倾向，认为生态主义被灌输了大量无政府主义的因素，而无政府主义与后现代主义有着相当多的一致，尽管它表面上是一种旧的政治哲学。

可见，生态中心主义者将生态危机产生的根源归结于近代以来的人类中心主义价值观，并把生态保护与人类的生存、发展对立起来。通过降低人类尊严，确立“自然价值论”和“自然权利论”来解决当代社会的生态危机，其结果便是陷入相对主义和神秘主义的立场。因为他们将生态、人作为二元主体，却回避或不能回答谁是客体；它们赋予环境独立的价值和权利，却不能回答环境如何行使主体地位和体现主体价值。

（三）生态社会主义的生态政治观

生态社会主义是在生态运动和生态政党的基础上发展形成的一大思潮。生态社会主义用包括社会主义理论在内的各种理论解释当代社会的生态危机，从而为克服人类生存危机寻找一条新的现实出路。

1. 生态运动

生态运动是20世纪60年代在西方社会兴起的新社会运动之一。它始于1962年美国生物学家蕾切尔·卡逊在《寂静的春天》中对人类走出征服自然的恶性循环的呼吁。1970年，美国爆发以环境保护为主题的30万人大型示威游行，“世界地球日”诞生。之后，“罗马俱乐部”《增长的极限》指出在现有的生产方式下，世界人口和经济将面临非常突然和无法控制的崩溃，将生态运动推向高潮。

生态运动是由价值驱动的社会运动。生态运动者将他们的政治思想和生活形式蕴含在生态学的思想中。生态运动发展并衍生出了各种绿色党派、绿色组织等。这些党派和组织将他们的生态意图贯穿于组织活动中，通过政治途径对破坏环境的行为采取直接行动。因此，生态运动容易利用“绿色”旗帜聚集各种政治倾向的党和个人，不仅包括环境主义者、和平主义者等相对中立的社会活动者；而且包括了希望以绿色运动为突破口，改变整个社会生产方式的激进的社会主义者、共产主义者；还包括了以解决环境问题为由，维护资本主义制度和统治秩序的无政府主义者、后现代主义者等社会活动者。由于生态运动的参与者不同的政治立场，生态运动形成的各种绿色党派很容易与其他运动相结合，如：70年代末80年代初的生态运动与民主运动、和平运动、女权运动的发展相结合，从而成为全球性的绿色社会运动。

2. 绿色政党

在遍及欧洲的生态运动的开展下，各国领导生态运动的绿色政党相继形成。1972年，第一个绿色政党——新西兰价值党诞生。

到20世纪90年代中期，西欧地区的绝大多数国家都有了绿党存在，其中有14个国家的绿党先后进入全国议会，成为欧洲当代政治中具有鲜明特色和一定现实影响力的新兴力量，并对传统政治构成挑战。

值得关注的是德国绿党（Die Grünen）。尽管它不是第一个典型意义上的新型绿色政党，也不是第一个进入全国议会的欧洲绿党，却是最具有世界影响的绿党。1983年，德国绿党实现了历史性突破，获得了216万张、5.6%的选票和联邦议院的27个席位，成为德国第四大党。1987年联邦议院选举对德国绿党而言更加辉煌。它获得了8.3%的选票和42个议会席位，成为能影响政局的政治力量。随着绿党内部现实主义一派力量的上升，绿党在公众中的形象进一步提高。1994年后绿党在州和地方选举中都取得10%以上的选票。[①] 1998年9月27日，由社会民主党和德国绿党共同组成的“红绿联盟”在德国第十四届联邦议院选举中以47.5%的得票率成为内阁执政党。德国绿党在历史上第一次获得执政地位，标志着已有近30年发展历史的生态运动在实践中获得重大推进。

欧洲值得关注的绿色政党大致还有三类，第一类是在20世纪70年代在遍及西欧的生态运动和新社会运动中发展起来的奥地利、比利时、意大利等国的绿色政党。它们富有成效的政治活动，使其成为在持续性选举表现、稳定性、结构发展等方面最成功的西欧绿党。如意大利绿党在1996年大选中，取得了2.5%选票、28个议席，并一举进入政府，成为欧洲第二个参政绿党。第二类是英国、法国等有着生态运动悠久历史的国家。它们在生态运动中形成了众多的环境团体，如法国70代末以来成立的全国性和地方性生态联合会或协会就达数万个，在民众中产生了深入的影响。第三类属新型绿色政党。以瑞典绿党为代表，它们明确将对生态的关心当作社

① 郇庆治：《从抗议党到议会党：西欧绿党的新发展》，《山东大学学报》（哲学社会科学版）1998年第2期。

会首要问题，完全区别于传统的关心经济增长和财富积累的政党，成为欧洲具有代表性的新型绿色政党。

芬兰、意大利、法国、德国和比利时的绿色政党在生态运动和政治活动中获得执政地位，它们在执政过程中表现出以下特征：第一，环境部成为绿色政党执政后的首选内阁职位，芬兰、意大利、法国、比利时绿党接受了环境部长职位；第二，生态环境政策是绿色政党执政后最为优先和最容易取得实效的政策领域；第三，执掌全国性权力的绿党都采取了更实用的或“政治合作主义”的执政战略或“管治风格”，为环境政策获得实质性进展进行意识形态或其他政策方面的妥协。[①]

3. 生态社会主义

生态运动聚集了具有不同政治信仰的社会活动者，也包括了共产党人、社会民主党人等西方左翼势力。这些左翼势力与西方资本主义绿色运动和社会主义运动相互影响、交互发展，形成生态社会主义。生态社会主义者对资本主义现状表现出不同程度的不满。为了改变现状，他们将斗争的矛头对准资本主义，谴责资本主义反人道、反自然的倾向，试图从理论和实践中探索一种理想的社会制度。

1980 年 1 月，德国成立了世界上第一个有着明确的政治纲领和政治组织的“绿党”，并公开提出了“生态社会主义”的口号，标志着生态社会主义的诞生。[②] 随着生态运动的蔓延，生态社会主义思潮在整个西欧迅速发展。最初对绿党拒斥的共产党人、社会民主党人也开始谋求与绿党结盟。20 世纪 80 年代以后，有更多传统的左派转入绿党阵营，成为绿色生态运动的左派。

生态社会主义基本经历了三个发展阶段：第一，20 世纪 70 年代“从红到绿”的萌芽时期。这一时期，以鲁道夫・巴罗、亚当・沙夫为代表的共产党人最早介入绿色政党，被看作是“红色”的

---

① 郇庆治：《欧洲执政绿党：政策与政治影响》，《欧洲研究》2004 年第 4 期。

② 刘仁胜：《生态马克思主义概论》，中央编译出版社 2007 年版，第 6 页。

“绿化”，其政治道路的典型特征是“从红到绿”。第二，20 世纪 80 年代“红绿交融”的发展时期。这一时期，以威廉·莱斯、本·阿格尔和法国著名左翼学者安德烈·高兹为代表的生态学马克思主义者的学说为典型代表，体现了马克思主义与绿色思想的结合。第三，20 世纪 90 年代绿色运动“红化”的兴盛时期。这一时期，以乔治·拉比卡、瑞尼尔·格仑德曼、戴维·佩珀等欧洲学者和左翼社会活动家的马克思主义思想为代表，其中格仑德曼率先提出了重返人类中心的口号，认为马克思关于人类改造自然的人类中心主义观点正确；同时，他还指出生态问题是由对待自然的资本主义方式引起。这一时期的生态社会主义明确提出了“红色绿党”和“绿色绿党”的新概念，试图在生态运动内部重新划分红绿界限。所谓的“红色绿党”，即生态运动中以社会主义理论为基础，主张生态社会主义的派别，包括马克思主义者和社会民主主义者；所谓的“绿色绿党”，即生态运动中以无政府主义唯理论为基础的、主张生态中心主义的派别，包括生态机会主义者、生态无政府主义者和主流绿党等。[①]“红色绿党”与“绿色绿党”在政治基础上是社会主义与无政府主义的分歧，在哲学理论上是人类中心主义与生态中心主义的对立，在文化价值取向上是现代主义与后现代主义的区别，在社会政治实践上是激进主义和改良主义的差别。90 年代之后的生态社会主义“红色绿党”具有明显的生态学马克思主义的特征。可以说，生态社会主义是绿色运动中的左翼，而“红色绿党”则是生态社会主义中的左翼。

三　文化根基：中国传统文化中的生态智慧

中国传统文化受儒家思想影响较深。儒家对于人与自然的关系问题有着深入的研究，他们关于“天人合一”的思想是人与自然和谐发展思想的萌芽。中国古代道家的“无为”思想在对待大自然的

① 周穗明：《生态社会主义述评》，《国外社会科学》1997 年第 4 期。

态度上，倡导崇尚自然。这些文化传统与马克思恩格斯生态文明思想有着不约而同的契合点。

（一）“天人合一”的哲学思想

中国古人将探索人与自然关系的学问称之为天人之学。天人之学自古以来都被看作是安身立命的重要课题。在人与自然关系问题上，虽然各家说法不一，但一般都没有对人与自然作明确的主客体区分，认为自然与人类、天道与人道相通，主张人与自然和谐相处，即主张“天人合一”。孟子倡导“天时地利人和”，主张尽心、知性、知天，提出“上下与天地同流”的理想境界可谓儒家“天人合一”思想的代表。儒家在强调人与自然和谐的同时，也承认“天人相分”，即在承认天和人是统一整体的前提下，强调人的能动性，从而将人与自然的关系定位在一种积极的调谐关系上。道家的思想中也包含有“天人合一”的观点。道家思想的精髓在于“无为而治”，它的“天人合一”观是建立在对自然无为基础上的人与自然关系的和谐。这种无为的“天人合一”观表达了人类回归自然和亲近自然的愿望。西汉儒学代表人物董仲舒发展了“天人合一”思想，提出“天人感应”理论，强调人类对真理的追求要遵循自然规律。宋代理学家的“万物一体”论等也表达了中国传统文化强调人与自然和谐相处的哲学思想。“天人合一”思想反映了中国人还处于自然崇拜阶段时就清醒地认识到人与自然的整体性，人与自然要和谐相处的生存之道。因此，中国传统文化中“天人合一”的思想与马克思恩格斯生态文明思想中构建人与自然和谐关系的思想是相通的，为马克思恩格斯生态文明思想的中国化提供了文化土壤和思想基础。

（二）“厚德载物”的道德主张

“厚德载物”一词出自《周易》“天行健，君子以自强不息；地势坤，君子以厚德载物”。中国传统文化强调“天人合一”，人源于天地，是天地的派生物，所以天地之道就是人生之道。“厚德载物”表达了古代中国人朴素的唯物主义宇宙观和对天地的崇拜、敬仰，以及对自然环境、自然规律的尊重。古代中国人又认为天地最大，能包容万物。天在上，地在下，天地合而万物生，没有天地就没有一切。因此，“厚德载物”寄托了对品行修为的要求，即：人生要像天那样高大刚毅而自强不息，要像地那样厚重广阔而厚德载物。中华文明绵延不绝，其中重要的原因就是我们的民族文化具有崇尚自然的传统和天人和谐、物我合一的思想与智慧。这样的民族文化的根基使中华民族一直保持着善待自然万物的传统，与马克思恩格斯人依赖于自然界生存，遵循自然规律生产生活的思想一致。

（三）“以时禁发”的开采原则

“以时禁发”是儒学的重要内容，该词出自《荀子·王制》“山林泽梁，以时禁发而不税”，指国家要“以时禁发”，依照不同节令对“山林泽梁”等资源实行管制。因此，《荀子·王制》说：“草木荣华滋硕之时，则斧斤不入山林，不夭其生，不绝其长也。”《管子·八观》说：“山林虽广，草木虽美，禁发必有时。”儒家还根据天、地、生的自然现象，编制了一幅详细的自然界万物发生时序图，并根据自然界四时的更替，为人类社会严格地规定了顺“时”活动的规则，并要求人们以“时”保护生态资源和环境。所以，有学者将儒家“时禁”的思想归纳为我国古代的生态伦理原则。这表明，以儒家学派为代表的古代中国人已经认识到自然资源持续存在的重要性，并掌握了生物生长规律，通过“以时禁发”实现生态资源的可持续发展。

（四）“适度消费”的生活原则

我国传统文化崇尚节俭，不以财富的增长为要事，而以节制个人欲望为美德。儒家主张克己复礼。孔子在《论语·颜渊》中讲道：“克己复礼为仁。一日克己复礼，天下归仁焉！为仁由己，而由人乎哉？”孔子要求他的学生努力约束自己，使自己的行为符合礼的要求。如果能够真正做到这一点，就可以达到仁的理想境界。宋代学者朱熹把“克己复礼”的内涵大大扩展了。他认为：“克己”的真正含义就是战胜自我的私欲，“复礼”则是指遵循天理，以达到人内心完美的道德境界，“克己复礼”就是指战胜自己的私欲以复归于天理，从而达到仁的境界。几千年来，中华民族也深受“克己复礼”思想的影响，形成了勤俭持家的消费观，反对挥霍浪费和超前消费。当前，中国人仍然偏重储蓄，不善于消费。在生活中，老百姓以节俭的方式安排衣食住行，尽量克制不必要的消费。

这些思想集中体现了中国传统文化中的生态智慧，与马克思恩格斯辩证唯物主义自然观有着共通之处。因此，我国有着接受和发展马克思恩格斯生态文明思想的文化土壤，也提供了孕育中国特色社会主义生态文明思想的文化传统。

第二章　中国特色社会主义生态文明思想的演进

马克思恩格斯生态文明思想是中国特色社会主义生态文明思想的渊源。在社会主义生态文明建设实践中，马克思恩格斯的生态文明思想与中国实际相结合，形成了中国特色社会主义生态文明思想。新中国成立以来，以毛泽东为代表的党的第一代中央领导集体，在社会主义建设初期就十分重视生态环境问题，为实现马克思恩格斯生态文明思想中国化作了初步探索。改革开放后，我国在经济社会快速发展中遭遇的生态瓶颈，为中国特色社会主义生态文明思想的形成和发展提供了现实动力。

一　动力机制：中国特色社会主义生态文明思想形成和发展的现实逻辑

改革开放后，生态环境的不断恶化使中国发展面临困境；工业化的紧迫任务要求我们必须找到一条既能够加快工业化进程又能改善生态环境的科学道路；由国内外生态环境、政治经济状况带来的生态安全问题也急需科学的路径来解除。在理论上找到解决当代中国社会发展和生态保护的科学指南，在实践中探索出一条生态文明建设的科学道路成为改革开放后我国面临的重要任务。

（一）体现社会主义本质特征的必然要求

社会主义本质和社会主义制度优越性的体现是实现中华民族伟

大复兴，使中华民族重新屹立于世界强国之林之根本。党的十七大报告首次将建设生态文明写入党的政治报告，并将生态文明建设确定为全面建设小康社会的主要目标，这标志着我国在生态文明重要性认识上的重大进步，具有划时代的意义。同时，我国将生态文明建设鲜明地写在了中国特色社会主义的伟大旗帜之上，使生态文明成为社会主义本质和社会主义制度优越性的重要体现。党的十八大报告针对资源环境的严峻形势，首次单列一部分阐述生态文明建设，并把生态文明建设纳入五大建设序列，体现了生态文明建设的重大战略意义。

马克思恩格斯的社会理想是建立一种优越于资本主义的社会制度。这种社会制度不仅要使无产阶级摆脱经济枷锁，改变人从属于物的生活方式，而且要使人的本质和本性得以整体实现。马克思恩格斯主张将生态环境问题放到资本主义的社会现实中考察，强调把人的全面解放与社会的解放、自然的解放统一起来。要使人的本性和本质得以终极体现，就要将人与人、人与自然处于统一和谐的关系之中。建设生态文明的终极价值追求就在于将人从人与自然的束缚关系中解放出来，不断提高人的生活质量，促进人的自由而全面发展。科学社会主义的创始人是将人与自然的和谐作为新的社会制度与资本主义制度的本质区别来提出的，即：强调人与自然界和谐发展的生态文明是社会主义社会的本质体现和基本内容。

中国特色社会主义既坚持科学社会主义的基本原理，遵循社会主义的共性，又立足于中国基本国情。1992 年年初，邓小平在“南方谈话”中提出：“社会主义的本质，是解放生产力，发展生产力，消灭剥削，消除两极分化，最终达到共同富裕”①，从生产力和生产关系的高度诠释了社会主义的本质。生产力是人类社会发展的最终决定力量。生产力包括了劳动者和生产资料，生产资料来源于自然界，劳动者在生产过程中受自然环境影响。因此，自然资源为生产力提供了基本要素，生态环境为生产力发展提供了物质空

① 《邓小平文选》第 3 卷，人民出版社 1993 年版，第 373 页。

间。生产关系是人们在物质资料生产过程中所结成的社会关系。生产关系的形成和发展也不可避免地受到生态环境的影响。在中国特色社会主义建设中，要体现社会主义的本质，就要发展生产力；要发展生产力，就必须改善影响生产力和生产关系的生态环境。所以社会主义生态文明建设的根本目的在于促进生产力的发展。当前，由于生态环境的状况已经影响了我国生产力和生产关系的发展，所以生态环境就是生产力，建设社会主义生态文明就是推动社会生产力的发展，也就是促进社会主义本质的实现。

在现阶段，我们共同的社会理想是实现中华民族的伟大复兴。无论是从人与自然和谐的角度，还是从促进社会生产力发展的角度来体现社会主义本质和社会主义制度的优越性，都体现了实现中华民族伟大复兴的愿望。中国特色社会主义生态文明思想的发展与实践承载着实现“中国梦”的历史重任。

（二）促进人自由而全面发展的必要前提

人的自由而全面发展是马克思主义的终极价值目标。发展生产力、消灭私有制、建立共产主义是为最终实现人的自由而全面发展创造条件。人与人、人与自然处于统一和谐的关系之中是马克思恩格斯终极价值目标实现的重要表现。在思考生态问题时，马克思恩格斯主张将人与自然的关系放到资本主义的社会现实中去考察，强调把人的全面解放与社会的解放、自然的解放统一起来。在人—自然—社会的统一体中，恩格斯提出了“两个和解”的思路，即：人同自然和解及人同本身和解。

在考察资本主义生态问题产生的根源时，马克思认为“资本主义生产方式以人对自然的支配为前提”①。在资本主义个人中心主义价值观指导下，以牺牲生态环境为代价追逐个人短期利益，造成了生产消费的无限性和自然资源有限性之间的矛盾，使生态问题成为资本主义制度所固有的问题。因此，资本主义社会人与自然的问

① ［德］马克思：《资本论》第1卷，人民出版社2004年版，第587页。

题，归根结底是生产方式的问题。恩格斯提出要消除生态危机，就要“对我们的直到目前为止的生产方式，以及同这种生产方式一起对我们的现今的整个社会制度实行完全的变革”①。只有共产主义才能使人与人、人与自然处于统一和谐的关系之中，使人的本性和本质全面实现，因为“这种共产主义，作为完成了的自然主义=人道主义，而作为完成了的人道主义=自然主义，它是人和自然界之间、人和人之间的矛盾的真正解决”②。因此，建设社会主义生态文明的终极价值就在于将人从人与自然、人与人之间关系的束缚中解放出来，促进人的自由而全面发展。

从现实看，我国现有的生态环境问题已成为影响人生产、生活，阻碍人发展的重要因素。生态文明建设是社会主义建设的重要目标，是实现人自由而全面发展的前提和基础，因而，我们不能将生态文明建设当作项目的建设、资金的投入和技术问题的解决。恩格斯在论述社会主义的本质时强调了人的生态主体地位。他指出“人终于成为自己的社会结合的主人，从而也就成为自然界的主人，成为自身的主人——自由的人”③。人克服异化后，就能成为自己的主人，成为社会的主人，最终成为自然的主人。

（三）顺应民心、保障民生的必然趋势

改革开放以来，我国的生态环境面临着前所未有的危机。第一，自然环境退化严重，突出的表现为水土流失、风力侵蚀面积不断加大。第二，环境污染加剧。2013 年《迈向环境可持续的未来——中华人民共和国国家环境分析》指出：在中国，最显著的大气污染物是悬浮颗粒物（PM10）。超过三分之一的监测城市悬浮颗粒物浓度超过Ⅱ级标准，比二氧化硫和二氧化氮浓度超标的城市比例高得多。中国大部分地区的 PM2.5 浓度也很高，并成为严重的区域环境问题。中国最大的 500 个城市中，只有不到 1% 达到了世

---

① 《马克思恩格斯选集》第 4 卷，人民出版社 1995 年版，第 385 页。
② 《马克思恩格斯全集》第 3 卷，人民出版社 2002 年版，第 297 页。
③ 《马克思恩格斯选集》第 3 卷，人民出版社 1995 年版，第 760 页。

界卫生组织推荐的空气质量标准；世界上污染最严重的10个城市之中，有7个在中国。此外，全国还形成华中、西南、华东、华南多个酸雨区，以华中酸雨区为重。第三，自然资源破坏严重。以生物物种为例，我国生物物种居北半球之首，但据相关媒体报告，我国有近2000种野生动植物濒临灭绝。生物多样性的缺失将造成地球自然体系的退化，甚至崩溃。第四，不可再生资源紧缺。以石油为例，近10年来，中国石油消费量年均增长率达到7%以上，而国内石油供应年增长率仅为1.7%。这种供求矛盾使中国2005年对外石油依存度达到42.9%。据测算，2006—2020年期间，国内石油产量远远不能满足需求，且供需缺口越来越大。2010年后中国石油对外依存度将超过60%，到2020年石油对外依存度将达到70%左右。

生态环境的加剧恶化，严重影响了人民的生产生活，甚至使部分地区群众因环境致贫，给生态安全带来巨大的隐患。尤其是2012年以来，四川什邡、江苏启东、浙江宁波、云南昆明等一系列轰动社会和网络的环境群体性事件相继发生，使中国社会进入“环境敏感期”。生态问题的解决，生态文明建设的成效，已经成为考核党和政府民心向背的重要指标。习近平总书记在2013年4月25日中央政治局常委会会议上指出，“如果仍是粗放发展，即使实现了国内生产总值翻一番的目标，那污染又会是一种什么情况？届时资源环境恐怕完全承载不了”，“经济上去了，老百姓的幸福感大打折扣，甚至强烈的不满情绪上来了，那是什么形势？所以，我们不能把加强生态文明建设、加强生态环境保护、提倡绿色低碳生活方式等仅仅作为经济问题，这里面有很多的政治”。在全面建成小康社会的新时期，中国特色社会主义事业“五位一体”总体布局，把生态文明建设放到更加突出的位置，是党和国家顺应民心，体现民意的重要战略。

（四）体现党执政能力不断提高的必由之路

大力推进生态文明建设的哲学基础是经济基础与上层建筑的辩

证关系及马克思主义社会结构理论阐述的经济、政治、文化、社会和生态之间的整体性和辩证关系。党的十八大报告强调了坚持节约资源和保护环境的基本国策，并将生态文明建设摆在社会主义事业总体布局的高度。这是对生态文明建设哲学理论和中国特色社会主义建设现实的正确把握。从文明发展的历史方位看，当前我国实现工业文明和生态文明的社会理想交织，如何做到既实现工业文明的历史任务，又紧跟人类文明发展的时代潮流成为党治国理政的重要任务。

发达国家于 19 世纪末至 20 世纪中期，纷纷完成工业化。我国现在还处于工业化中期，与发达国家相比还有较大的差距。通过国内学者测算，从人均 GDP 看，中国处于工业化进程中的中期第一阶段；从非农产业产值比重指标看，已越过工业化中期阶段；从非农产业就业的比重看，还未达到钱纳里模型工业化中期第一阶段；从工业结构看，中国工业化进程仍然处于重化工业比重不断提高的阶段。① 还有学者借鉴国外有关工业化阶段理论的指标体系，提出他们自己的衡量指标体系。他们计算出的“工业化指数”表明，1995 年至今，我国处于工业化中期阶段。② 国家统计局发布信息称，中国总体处于工业化中期阶段，离完成工业化还有相当长的路要走。我国自 1978 年改革开放以来，开始了工业化、现代化的新征程，但与发达国家的差距在 100 年以上。这种差距加深了我国追赶发达国家工业文明的紧迫感，如不加快工业化的脚步，我们将被排挤在人类文明进程的历史洪流之外。

发达国家完成工业化任务后，开始重视生态环境与经济增长之间的辩证关系，逐渐开始生态文明建设，并形成了各国特有的生态文明建设经验，如欧盟重视构筑环境堡垒，通过制定严格的、强制性的法律和标准等限制性措施来防止环境污染；美国通过环保政治

---

① 龚绍东：《现阶段中国工业化进程和新型工业化发展状况》，《企业活力》2008 年第 3 期。

② 朱敏：《基于工业化指数的我国工业化进程判断》，《中国经济时报》2010 年 3 月 24 日。

运动走上了环保政治型生态发展道路；日本则通过环境优势走上了环保外交型生态发展道路。我国虽然一直进行环保工作，但是直到2007年，党的十七大报告才第一次明确提出建设生态文明的目标。目前，我国生态文明建设的特征不够明显，系统性不强，制度不完善，跟发达国家相比，各方面都存在较大差距。在各国建设生态文明的新时期，如果我国只重视工业文明，不加快生态文明建设的步伐，将被排挤在人类文明进程的历史洪流之外。同时，脆弱的生态形象还将使我国丧失大国形象，在国际上丧失生态话语权。

生态文明建设的任务和工业文明建设的任务同样紧迫。工业文明是不可逾越的必经阶段，生态文明是人类正努力推进的历史潮流。因此，如何正确处理建设工业文明和生态文明的关系，建立起新的发展模式，是我们党执政必须解决的现实问题。这关系到执政党执政能力和执政形象的提升。

（五）捍卫生态安全的必要途径

当前，社会主义市场经济体制逐渐完善，社会政治长期稳定，综合国力大大增强，人民生活正由总体小康向全面小康迈进，我国已经进入改革和发展的关键时期。和平与发展的时代主题为我国的持续快速发展提供了良好的国际环境。然而，机遇与挑战总是并存。从生态环境面临的挑战看，由于长期以来，我国经济的增长建立在高投入、高消耗、高排放、低产出、低效率的粗放型经济增长方式基础上，工业化初期产业结构偏重于发展第一、第二产业，生态环境为经济的持续快速发展付出了沉重的代价。经过几十年的快速发展，生态系统已发出危险信号，难以支撑工业化目标的最终实现。生态环境的保护和经济增长的同时实现成为一大现实难题。从国际情况看，经济全球化的深入发展将我国卷入世界大市场中。发达国家利用技术优势和政治优势，将高消耗、高污染的产业向发展中国家转移，同时利用国际政治经济旧秩序要求发展中国家承担巨大的生态责任，导致我国面临巨大的生态国际压力。在经济全球化时代，发展中国家遭到发达国家危机转嫁和生态控制的双重压力，其根源在于生态问题产生的全球性与生态问题治理的国别性之间的矛盾。

首先，生态问题的影响和解决具有全球性。人类共同生存的地球是不可分割的整体。生态问题的影响不会以人为划定的地区和范围为界，一个地区范围内的生态环境问题必然会因为空气、水等自然物质的循环而影响全球；就其解决方式而言，生态环境不会因为某一地区、某一国家的努力而全盘改善。当今的国际合作更加深了生态问题的全球性。尤其进入20世纪90年代，全球化从经济领域逐步扩展到政治、文化、环境等领域，加深了世界各国在各个领域的合作。中国建立社会主义市场经济体制，加入WTO，在经济、金融、贸易、投资、生态等领域与全球各国相互依存，共生共荣。

生态危机将随着资本的全球扩张而蔓延。“二战”后，由发达国家主导的国际旧秩序并未从根本上消除，西方大国还在利用“冷战”思维遏制、挤压发展中国家。“全球化运动的另一后果正是民族国家和地区基于发展要求与发达资本主义国家在自然资源利益关系上的矛盾冲突日益突出和紧张，特别是资本借助其支配的不公正国际政治经济秩序对发展中国家进行自然资源的掠夺，损害了发展中国家的利益，促使其在发展问题上的利益诉求日益高涨，凸显了发展中国家维护自身发展权和环境权而与发达资本主义国家之间的矛盾。”[①] 发展中国家正处于工业化过程中，粗放型经济增长方式尚未改变。在国际分工中，由于技术和资本的缺陷，经济增长对资源、环境的依赖性强。“资本的全球化运动和资本的国际分工也造成了发达资本主义国家向发展中国家输出和转嫁生态危机，从而导致不同国家和地区在自然资源占有和使用的利益关系上的矛盾日益突出。”[②] 因此，发展中国家依然难以走出以资源、环境为代价发展经济，经济增长又带来环境污染、资源枯竭的怪圈。各国对环境、资源的不公平利用，使生态环境问题成为了国际性的问题，甚

---

① 王雨辰：《略论我国生态文明理论研究范式的转换》，《哲学研究》2009年第12期。

② 同上。

至成为国际争端的新热点。

其次，生态问题的治理具有国别性。全球环境问题日趋严重，威胁到全人类的共同利益。发达资本主义国家具备物质基础和技术条件保护和改善生态环境，然而在生态环境的保护和治理上却表现得非常自私。如美国人口仅占全球人口的3%至4%，而二氧化碳排放量却占全球的25%以上，是全球温室气体排放量最大的国家。美国曾于1998年签署了以减少温室气体、防止气候剧烈变化为目标的《京都议定书》，但2001年3月，布什政府又以“减少温室气体排放将会影响美国经济发展”和“发展中国家也应该承担减排和限排温室气体的义务”为借口，宣布拒绝批准《京都议定书》。

众所周知，由于发达国家污染产业转移，它们对发展中国家的生态环境问题负有不可推卸的责任。然而，它们却将矛头指向发展中国家，向发展中国家施加改善生态环境的压力，使发展中国家为它们的资源环境损耗埋单。目前由于国家制度、意识形态的不同，发达资本主义国家长期推行霸权主义，生态帝国主义抬头，而发展中国家面临的生态压力又逐渐与经济压力、政治压力结合在一起，形成了新的生态安全威胁。地球作为我们共同的家园，良好的生态环境作为地球人共同的福祉，是全球各国合作努力的重要基础。“在国际环境合作中，应该充分考虑各国经济发展不平衡的长期历史和不同国家的具体现实，综合规划，加强合作，协调行动，切实推进……只要各国相互理解，加强合作，就一定能加快解决全球环境问题的进程。”① 以中国为代表的发展中国家以全球人民的福祉为出发点，担负起生态环境保护的国际重任，与发达国家的态度形成鲜明对比。

（六）实现“中国梦”的重要内容

中华民族伟大复兴的“中国梦”是近代以来中国人孜孜不倦追

① 《江泽民论有中国特色社会主义（专题摘编）》，中央文献出版社2002年版，第295页。

求的目标。近代中国半殖民地半封建社会的历史屈辱与古代中国的强盛辉煌形成鲜明对比，激发了一代又一代仁人志士奋起抗争，如洋务派的“富强梦”、维新派的“宪政梦”、革命派的“共和梦”，都凝聚和寄托了中国人民追求民族复兴的梦想和希望。可以说，追逐中华民族的伟大复兴是一百多年来中国人为之执着奋斗的目标。

在改革开放和现代化建设的新时期，我们距离“中国梦”的目标比任何时候都更接近，实现“中国梦”的信心比任何时候都更坚定。围绕着“中国梦”的实现，我国结合现实，提出了两个一百年的奋斗目标。当前，我国正处于第一个一百年，即全面建成小康社会的关键时期。全面建设小康社会包含经济、政治、文化、社会和生态建设的内容。党在十八大中构建了经济、政治、文化、社会和生态“五位一体”总布局，将资源节约型、环境友好型社会建设取得重大进展作为全面建成小康社会的重要目标。因此，生态文明成为全面建成小康社会的重要内容，是实现中华民族伟大复兴“中国梦”的重要内容。

二 历史进程：中国特色社会主义生态文明思想形成和发展的过程

中国特色社会主义生态文明思想历经了新中国成立之初的初步探索，在改革开放时期逐步形成和完善，在党的十八大后得以升华。它是中国特色社会主义生态文明建设实践经验的总结，并逐步成为中国特色社会主义生态文明建设的指南。

（一）开始萌芽（1948—1978年）

1. 历史缘由

新中国成立之初，我国的生态问题主要由长期战争和自然灾害带来。在新中国成立后的经济社会发展过程中，我国由于在环境问题上的政策失误，也形成了一定程度的生态破坏。从生态环境问题的影响看，由于我国工业化才刚刚起步，由工业化带来的环境污染和生态破坏只在局部地区出现，且程度较轻，并未带来具有影响力的生态问题。

（1）战争创伤

从1840年鸦片战争到1949年新中国成立，中国经历了近110年的战乱。战争破坏了人的生存环境，留给了中华大地千疮百孔的破败景象，也给生态环境带来了难以修复的创伤。新中国成立后，我国政治条件和社会环境虽发生了根本性转变，但长期战乱、列强入侵和阶级压榨造成了人民群众的贫苦和国家抗灾救灾能力的低下。我国在新中国成立之初不具备迅速改善生态环境的能力，且战争带来的生态问题持续影响着我国经济社会的发展。可以说，战争是造成生态灾难的直接原因，旧的社会制度则起着间接的推动作用。灾荒史研究专家李文海指出，旧中国“由于社会生活中经济、政治制度的桎梏和阶级利益的冲突，妨碍或破坏着人同自然界的斗争时，人们便不得不俯首帖耳地承受着大自然的肆虐和蹂躏”①，而且这种情况“在剥削阶级掌握着统治权力的条件下，是屡见不鲜的，甚至可以说是一种常规”②。这表明，生态灾难与国家的经济、政治和阶级状况等密切联系。

（2）政策失误

新中国成立初期，我国在发展问题上的政策失误对生态环境造成了影响。第一，解放初期，我国照搬了苏联社会主义建设模式，片面发展重工业，造成了较严重的生态环境问题。在“以钢为纲，全面跃进”的思路下，为“炼钢”，全国各类森林和防护林遭到砍伐。然而，用土法炼成的钢铁远远达不到应用要求，又造成了生态资源的大量浪费。第二，由于自然灾害严重，水利建设成为新中国的大事。在水利建设过程中，我们片面强化治水，放松治山植林，导致森林覆盖率下降，最终妨碍水利设施效用的发挥。第三，在“以粮食为纲”的思想指导下，我国大量围湖造田、开荒种地，破

---

① 李文海：《历史并不遥远》，中国人民大学出版社2004年版，第212页。

② 同上。

坏了自然环境的生态平衡。“以粮食为纲”虽然以改善人民生活为目标，但它忽视了农业生产的因地制宜，忽略了自然规律的作用，加上新中国成立初期农田水利基础设施建设不到位，农业生产技术水平低下等，导致了生态失衡。第四，我国在人口问题上的失误，加速了城市环境问题的出现。新中国成立之初，由于我国需要大量劳动力恢复生产，党中央一度认为人口众多是一件好事情，我国可以通过生产来养活更多的人。刚刚获得解放的广大人民群众也对“多子多福”的幸福生活充满了向往，加上受苏联鼓励人口增长政策的影响，党中央对人口数量的控制不严格。由人口数量激增带来的生态环境问题，导致中国目前仍在背负“人口债”。

（3）自然灾害

中国是一个气候不稳定、水旱灾害频发的国家。从古至今，由水旱灾难造成的社会动荡使人民饱尝苦难。虽然治理水旱灾难，改善生态环境一直是中国人民的愿望，但是旧中国腐败、专制的统治阶级无暇顾及百姓疾苦。新中国成立初期，我国也发生了数次大规模的洪涝灾害，最为严重的是1949年江淮及华北地区的洪涝灾害及1950年淮河流域洪涝灾害。自然灾害频发给生态系统带来了巨大的破坏。新中国成立初期严重灾荒造成的直接后果是耕地面积减少。以毛泽东为核心的党的第一代中央领导集体充分认识到治理水患的根本途径在于利用自然规律，加强水利建设，因此将水利建设作为生态建设的重要内容。新中国频发的自然灾害及党和国家治理灾害的决心成为探索生态文明建设思想的现实动力。

2. 主要贡献

毛泽东的生态文明思想散见于《毛泽东选集》、《毛泽东文集》等著作中，主要内容有倡导“计划生育”，提倡保护环境，认识到人与自然“主客体相间”，重视按照自然规律治理大自然，将环境保护与社会主义制度优越性相联系等。

（1）倡导“计划生育”

新中国成立之初，以毛泽东为核心的党的第一代中央领导集体提出“人定胜天”的思想，认为“世间一切事物中，人是第一个可宝贵的。在共产党领导下，只要有了人，什么人间奇迹也可以造出来”[①]。“人定胜天”的理论依据是人是社会历史发展主体的思想，强调社会发展对主体力量的重视。然而，也有一些人对“人定胜天”思想有所误解，认为“人定胜天”是将自然界作为人类社会发展的对立面存在，是在强调人越多越好，因为人越多就越能战胜大自然，越能获得社会财富。

以毛泽东为核心的党的第一代中央领导集体提倡“计划生育”。1954 年 1 月，中共中央批准卫生部《关于节育问题的报告》，并第一次以正式文件的形式发出了《关于控制人口问题的指示》。1956 年 8 月，周恩来在第二届全国人民代表大会常务委员会全体会议的报告中就控制生育问题作了明确指示，决定在全国范围内开展对计划生育的宣传。9 月 16 日，周恩来在党的八大上作了《关于发展国民经济的第二个五年计划的建议》的报告。报告提出：“为了保护妇女和儿童，很好地教养后代，以利民族的健康和民族繁荣，我们赞成在生育方面加以适当的节制，卫生部门应该协同有关方面对节育问题进行适当的宣传，并且采取有效的措施。”[②] 这是我们党首次在党的全国代表大会上阐述“计划生育”问题。1957 年是我国关于计划生育主张和政策提出较多的一年。在 1957 年的最高国务会议第十一次会议上的讲话中，毛泽东强调：“我国的人口增长很快，每年增加的，大约一千二百万以上。在许多人口稠密的城市和乡村，要求节制生育的人一天一天多起来了。我们应该根据人民的要求，做出适当的节制生育的措施。”[③] 在 9 月 9 日的《在中共八届三中全会上的讲话提纲》中，毛泽东指出了“计划生育”的目标，即：“人口问题：三年试点，三年推广，四年普做，达到计划生育，是否可能?” 10 月 25 日，我国正式公布了由毛泽东亲自主持制定的《1956 年到 1967 年全国农业发展纲要》（以下简称

---

① 《毛泽东选集》第 4 卷，人民出版社 1991 年版，第 1512 页。

② 周恩来：《关于发展国民经济的第二个五年计划的建议的报告》，《人民日报》1956 年 9 月 19 日。

③ 《毛泽东著作（专题摘编）》第 1 卷，中央文献出版社 2003 年版，第 970 页。

《纲要》)。《纲要》第二十九条提出：除了少数民族地区外，在一切人口稠密的地方，宣传和推广计划生育，提倡有计划地生育子女，使家庭避免过重的生活负担，使子女受到较好的教育，并且得到充分的就业机会。这标志着中国计划生育政策基本形成。党中央在1959年的《中共中央对卫生部党组织关于节制生育问题报告的批示》中指出："节制生育是关系广大人民生活的一项重大政策性的问题。在当前的历史条件下，为了国家、家庭和新生一代的利益，我们党是赞成适当地节制生育的。"[①] 1962年，国务院成立了毛泽东在1957年曾设想的机构——计划生育办公室。12月，中共中央发出了《关于认真提倡计划生育的通知》，明确指出在城市和人口稠密的农村提倡计划生育，适当控制人口自然增长率，使生育从完全无计划的状态逐渐走向有计划状态。1971年，国务院转发卫生部《关于做好计划生育的报告》。中央提出了人口控制规划，举办了十三省、市计划生育学习班，并总结经验，积极推广。1973年6月20日，国家计划委员会在全国计划工作会议上，提出："大力开展计划生育，降低人口出生率；争取到1975年，把城市人口净增率降到10‰左右，农村人口净增率降到15‰以下。"[②] 这标志着人口计划开始纳入国家经济发展计划，成为人口增长与国民经济协调发展的指导依据。在这一计划的指导下，1973年，国务院和省、自治区、直辖市都成立了计划生育领导小组，在卫生部门设立了计划生育办公室，县以下各级开始设立计划生育办公室或有分管计划生育的工作人员。1974年年底，毛泽东在国家计委《关于1975年国民经济的报告》上作了"人口非控制不行"的指示。在以毛泽东为核心的第一代中央领导集体的努力下，20世纪70年代，我国的人口出生率、自然增长率逐年下降。

"计划生育"的思想来源于马克思恩格斯"两种生产"理论。"两种生产"理论提出调节物质资料的生产和人生命的生产可调节

---

① 《建国以来重要文献选编》第6册)，中央文献出版社1993年版，第56页。

② 国家计划生育委员会：《计划生育文件汇编（1950—1981.3)》，1987年，第58页。

人与自然的矛盾。这个时期我国的“计划生育”虽然仅仅从降低人口出生率，使人口发展与社会经济生活相适应的角度出发，较少考虑到人口增长对自然环境造成的压力，但是“计划生育”思想的提出及相关政策的出台降低了人口增长率，在客观上缓解了因人口过快增长对环境资源造成的压力，为人与自然的协调发展奠定了重要的基础，并为今后“计划生育”的开展提供了工作基础。

（2）提倡“绿化祖国”、保护环境

早在抗日战争时期，毛泽东就有了对自然环境的审美追求。在1944年5月的延安大学开学典礼上，毛泽东指出：“陕北的山头都是光的，像个和尚头，我们要种树，使它长上头发。”① 这表明毛泽东对黄土高原植被缺乏、水土流失的情况有初步的认识。新中国成立后，党和国家十分重视绿化建设。20世纪50年代中期，毛泽东号召“绿化祖国”、实行“大地园林化”，并对荒山和村庄的绿化进行规划，期望通过植树造林改变祖国的面貌。1956年，中国开始了第一个“12年绿化运动”。20世纪50年代末，党中央还意识到植树造林对农业、工业发展的重要作用。在1958年11月的郑州会议上的讲话中，毛泽东强调：“要发展林业，林业是个很了不起的事业。……林业，森林，草，各种化学产品都可以出。……你要搞牧业，就必须要搞林业，因为你要搞牧场。这个绿化，不要以为只是绿而已，那个东西有很大的产品。”② 同时，他强调了发展林业的艰巨性和长期性，指出：“森林这个东西是多年生，至少是二十五年生，这是南方；在北方，要四十五年到五十年。”③ 20世纪60年代，毛泽东意识到植树造林的环保作用，在1962年12月指出：“造林，一棵树一天吸收地下水分，经过叶放出来的水分就是一吨。房前屋后、公路两旁、道路两旁、火车路两旁、渠道两旁，都可以栽树。树多了，空气当中的水分就多了。树还可以防风、防沙，夏天劳动者还可以休

① 《毛泽东文集》第3卷，人民出版社1999年版，第153页。

② 中共中央文献研究室、国家林业局：《毛泽东论林业》（新编本），中央文献出版社2003年版，第57页。

③ 同上书，第57页。

息，还可以用材，种水果树还可以吃水果。"①

从植树造林美化环境到保护生态环境功能的认识，是以毛泽东为核心的党的第一代中央领导集体在处理人与自然关系的实践中不断探索的结果。党的第一代中央领导集体的环保思想为可持续发展战略、科学发展观的形成和生态文明建设的实践作了重要的思想奠基。当然，这种环保思想的产生源于美化环境、支撑工农发展的要求，并未受到环境污染、资源紧缺压力的影响。因此，目的性不强，就更谈不上建设社会主义生态文明。

（3）从人与自然"主客体相分"到"主客体相间"思想转变

以毛泽东为核心的党的第一代中央领导集体一向重视人在社会生产中的作用，主张"人定胜天"。旧中国的工业、农业极其落后，从1937年到1949年，经过抗日战争和解放战争，国民经济遭到极大的破坏。新中国成立时，工农业生产远未达到战前水平。面对薄弱的经济基础和战争创伤，新中国只有通过不断向大自然索取而获得发展。基于这样的现实，毛泽东提出"进行一场新的战争——向自然界开战"，"向地球作战，向自然界开战"的口号。20世纪60年代，我国甚至将生态环境的保护称为资产阶级的环境理论，认为保护环境就是阻碍人向自然界索取，破坏社会的发展和进步。这种发展观只看到人的主体作用，忽视了自然界对人类社会发展的基础性作用。

随着生态环境的日益恶化，环境保护的重要性日益被党的第一代中央领导集体重视。1965年，毛泽东在《错误往往是正确的先导》中提出：人类同时是自然界和社会的奴隶，又是它们的主人。这是因为人类对客观物质世界、人类社会、人类本身（即人的身体）都是永远认识不完全的。他从主客体关系的角度论述了人类社会与自然界之间的关系，认为人只有认识并掌握了自然规律，才能正确地利用自然资源，成为自然界真正的主人，否则只能沦为自然界的奴隶。这一思想在当时无疑是十分进步的。这一观点虽然缺乏

① 转引自顾龙生《毛泽东经济年谱》，中共中央党校出版社1993年版，第577页。

对自然界与人类社会协调发展的思考，但它坚持了辩证唯物主义联系的观点和马克思恩格斯的“人化自然”观，将社会的发展与自然界联系起来。

（4）重视按照自然规律治理大自然

新中国成立初期的几次严重水灾，使以毛泽东为核心的党的第一代中央领导集体将治理水患作为社会主义建设的重要任务来抓。1951 年 5 月 15 日，毛泽东发出“一定要把淮河修好”的号召。1952 年，他亲临黄河视察，指出“要把黄河的事办好”。针对淮河和海河，毛泽东也提出“一定要把淮河修好”和“一定要根治海河”的目标。为响应毛泽东治水的号召，从新中国成立后到 20 世纪 70 年代，我国修建了许多大型的水利工程，如官厅水库、荆江分洪、引黄济卫、三门峡水库、葛洲坝水利枢纽等，这些水利工程为抗御自然灾害和促进工农业发展发挥了重大作用。除了这些大型水利工程的建设外，中央还重视群众性的小型水利建设。1953 年 5 月 6 日，中央批准了水利部党组提出的农田水利工作会议的综合报告，并且指示，在农田水利建设中，现时应将重点放在开展群众性的各种小型水利，并切实整顿现有水利设施。同年 10 月，中央农村工作部进一步提出，农田水利工作，除了比较大型的灌溉工程，应由国家办理外，应根据广大群众‘需要、可能、自愿’的条件，大力开展兴修群众性小型水利。在兴修水利的细节问题上，毛泽东还强调要坚持治水与改土相结合，狠抓水土保持工作，以免在治水的过程中出现水土流失等人为灾难。

在黄河、淮河、海河等水患治理的巨大工程和大型水利工程建设的实践中，毛泽东总结出改善生态环境是可以通过遵循自然规律，发挥主观能动性而实现的。在这一过程中，人与自然关系协调，自然灾害的破坏力就得以减除或降低。

（5）将环境保护与社会主义制度的优越性相联系

20 世纪 70 年代初，随着环境状况的日益恶化，环境问题的全球性引起了党的第一代中央领导集体的重视。1972 年，中国组团参加了斯德哥尔摩人类环境保护会议。与会人员对照中国的实际，发现中国也存在着环境污染、生态破坏等问题，且这些问题在工业集中的大城市较为突出。这次会议给党和国家的领导人敲响了警钟。会后，周恩来立即指示召开全国性的环境保护会议。在展开全国性环境调查的基础上，第一次全国环境保护工作会议以国务院的名义于1973年8月5日至20日在北京召开。与会代表研究了全国环境调查的结论，并将我国的环境问题集中反映到会议简报上。周恩来将会议简报转给中央各部部长和各省第一把手阅看。会后，他还把这些简报扩大范围，发到全国，将我国生态环境的状况和环境保护的紧迫性告知国人。会议重点研究了有关环境保护的方针、政策，制定了中国第一部环境保护综合法规《关于保护和改善环境的若干规定（试行草案）》。至此，环境保护开始以国家立法的形式确定下来，标志着中国的环境保护工作开始纳入国家的行政职能。1976年，《关于编制环境保护长远规划的通知》要求把环境保护纳入国民经济的长远规划和年度计划，标志着中国的环境保护工作纳入社会发展目标。

这一时期，周恩来还从社会主义制度的高度作出了许多关于环境保护的重要指示，形成了对环境污染及其治理的独特看法。他认为："资本主义国家解决不了的工业污染公害，是因为他们的私有制，生产无政府主义和追逐更大利润。我们一定能够解决工业污染，因为我们是社会主义计划经济，是为人民服务的。"① 马克思认为资本主义制度下，资本家以企业利润最大化为目标，他们转嫁生产中产生的环境资源成本，造成了环境污染和资源浪费。而要解决这一问题，就要"对我们的直到目前为止的生产方式，以及同这种生产方式一起对我们的现今的整个社会制度实行完全的变革"②。周恩来继承了马克思的这一思想，看到了资本主义制度与生态问题之间的必然联系，认识到了社会主义治理生态问题的制度优势。

此外，以毛泽东为核心的党的第一代中央领导集体还在防治自

① 《周恩来年谱1949—1976》下卷，中央文献出版社1997年版，第624页。
② 《马克思恩格斯选集》第4卷，人民出版社1995年版，第385页。

然灾害、利用沼气等可再生资源、搞好群众卫生运动等方面进行了生态文明建设的尝试。值得一提的是，毛泽东在再生资源的利用问题上看到了沼气的重要作用。1959 年，他在南方地区考察时指出，沼气又能点灯，又能做饭，又能做肥料，要大力发展。此后，在我国南方地区，沼气被视为适合农村环境的可再生能源得以长期利用。除了利用沼气，农村还利用太阳能发展育秧、育苗的温室，城市利用太阳能热水器解决生活热水等。这些能源的利用，大大降低了对煤、天然气等自然资源的利用量，促进了生态环境的保护和改善。

3. 现实价值

新中国成立到改革开放前，在生态文明建设的实践中，我国形成了生态文明思想的萌芽，为改革开放后的生态文明建设提供了思想前提。

（1）丰富了马克思恩格斯生态文明思想的内容

受时代限制，马克思恩格斯生态文明思想不具备实践的条件。社会主义制度确立后，以毛泽东为代表的党的第一代中央领导集体以马克思恩格斯生态文明思想为指导，逐步展开了生态文明建设，并在实践中发展了马克思恩格斯的生态文明思想。

第一，发展了马克思恩格斯生态文明思想中两种生产相协调的理论。

两种生产包括物质资料的生产和人自身的生产。马克思恩格斯认为两种生产是相互制约的。当两者不和谐时，人与自然的矛盾就显露出来。对于如何协调两者的关系，马克思恩格斯并未提出具体的思路。在新中国生态文明建设的实践中，我国提出了“计划生育”政策，协调人口增长带来的经济、生态问题。

第二，发展了马克思恩格斯生态文明思想中的“人化自然”观。

“人化自然”包含着人在遵循自然规律的前提下，以人类社会可持续发展为目标，改造自然为人类所用。以毛泽东为核心的党的第一代中央领导集体运用这一思想发展林业、兴修水利，将人与自然的敌对关系调节为和谐状态。在理论上，毛泽东强调人与自然之间的关系是主客体相间的关系，“人化自然”的最终目的在于通过建立和谐的人与自然关系，从而使自然生态更好地为人类社会发展服务。

第三，表达了人类社会全面发展的思想。

马克思恩格斯虽强调人与自然的协调发展，但是在协调的具体途径上并没有深入研究。以毛泽东为核心的党的第一代中央领导集体将环境保护、经济发展、文化建设及人的发展统一起来，追求社会的全面发展，将良好的生态环境视为社会主义制度的优越性的重要体现，丰富和发展了马克思主义生态文明思想。

（2）为当代中国生态文明思想的形成和发展奠定了基础

以毛泽东为核心的党的第一代中央领导集体开启了马克思恩格斯生态文明思想中国化的历史进程，形成了当代中国生态文明思想的萌芽，为新时期我国探索中国特色社会主义生态文明建设奠定了理论基础。

第一，将马克思恩格斯生态文明思想运用到社会主义生态文明建设的实践中，实现了科学理论与实践的第一次结合。

马克思恩格斯生态文明思想在新中国生态文明建设的实践中具有开创性意义。虽然苏联建立了社会主义制度，但苏联的社会主义建设以“经济理性”为目标与“生态理性”相对抗。新中国成立后，在社会主义制度下追求人的自由而全面发展和社会的可持续发展一直是党和国家的工作目标。

第二，将生态文明建设的实践经验上升为当代中国的生态文明思想。

在马克思恩格斯生态文明思想运用于中国生态文明建设实践的过程中，以毛泽东为核心的党的第一代中央领导集体发展了两种生产相协调的理论、“人化自然”观和坚持在社会全面发展的基础上建设生态文明的思想，并用这些理论成果指导中国的生态文明建设，形成了当代中国生态文明思想的萌芽。

第三，为中国特色社会主义生态文明思想的形成和发展提供了思想基础。

改革开放前，马克思恩格斯生态文明思想中国化的成果是改革开放后生态文明思想形成和发展的重要基础。改革开放后形成的中国特色社会主义生态文明思想是对毛泽东生态文明思想的继承和发展。“计划生育”思想、按照自然规律治理自然是人与自然协调发展的思想基础；提倡植树造林、保护环境是可持续发展思想的重要基础；将环境保护与社会主义制度的优越性相联系的思想是我国明确生态文明建设的目标，并在国际上树立生态良好形象的思想基础。

（3）成为毛泽东思想的重要组成部分

毛泽东思想包含了关于新民主主义革命的理论，关于社会主义革命和社会主义建设的理论，关于革命军队的建设和军事战略的理论，关于思想政治工作和文化工作的理论，关于党的建设的学说等等。这些内容体系严密、包容宏福，从多方面发展了马克思主义。这些理论虽然没有直接涉及当代中国的生态文明思想，但又内在地包含着毛泽东的生态文明思想。邓小平曾指出，毛泽东思想紧密联系着各个领域的实践，紧密联系着各个方面工作的方针、政策和方法。生态文明建设思想作为社会发展思想的重要方面，也内在地包含在毛泽东思想的科学体系中，并同其他思想一道，表达了毛泽东思想的完整性、统一性和科学性。

（二）初步形成（1978—2002 年）

中国虽地大物博，但人口众多，人均资源占有量远低于世界平均水平。新中国成立后，中国的生态环境虽局部有所改善，但治理能力远远赶不上破坏速度，生态赤字逐渐扩大。中科院生态环境研究中心评价我国生态环境是：先天不足，并非优越；人为破坏，后天失调；退化污染，兼而有之；局部在改善，整体在恶化；治理能力远远赶不上破坏速度，环境质量每况愈下，从而形成中国历史上规模最大、涉及面最广、后果最严重的生态环境破坏和环境污染。改革开放后，随着生产力水平的不断进步和经济发展速度的提高，我国工业化进程不断加快，但随之而来的生态环境问题使发展遭遇瓶颈。在改善生态环境的实践中，我国逐步形成中国特色社会主义生态文明思想。

1. 历史背景

工业革命铸就了现代工业化国家。欧洲国家通过传统工业化道路，奠定了大国地位，引领了工业文明的历史潮流。经过一两百年的发展，率先实现工业化的国家已逐步将人类的发展引向生态文明时代。面对文明的变迁，党的十六大报告指出，坚持以信息化带动工业化，以工业化促进信息化，走出一条科技含量高、经济效益好、资源消耗低、环境污染少、人力资源优势得到充分发挥的新型工业化道路。其目的在于通过技术推动，统筹技术发展与经济发展、工业文明建设和生态文明建设的关系，使社会的发展更具可持续性。

（1）顺应工业文明向生态文明转型的历史潮流

1991 年美国经济学家 Grossman 和 Krueger 首次实证研究了环境质量与人均收入之间的关系，探讨了经济发展与自然环境之间的辩证关系。他们用横坐标表示经济增长，用纵坐标表示环境污染，绘制出倒“U”形曲线，描绘西方社会工业化时期经济增长与自然环境之间的关系。这一曲线称之为环境库兹涅茨曲线。环境库兹涅茨曲线描述了在工业化早期，人类对资源的需求量不大，环境受破坏的程度较小，环境呈缓慢恶化趋势；随着工业化进程加快，人类对自然资源的需求不断增加，废弃物的排放逐渐增多，环境恶化急速加快；进入工业化中后期，人类对自然资源的需求持续上升，废弃物的排放持续增多，环境恶化速度平稳加快；与此同时，工业化和科学技术的成果运用于生态环境的改善，环境库兹涅茨曲线缓慢上升到转折点再缓慢下降，趋势较为平缓地越过转折点；工业化后期，工业发展走上集约型道路，人类对生态环境改善的速度加快，环境库兹涅茨曲线呈陡峭下降趋势；在基本完成工业化后，人类反思经济发展的环境代价，更趋于保持经济与环境的协调发展，环境库兹涅茨曲线趋于平缓下降。环境库兹涅茨曲线表明，经济增长既可恶化环境又可改善环境，环境状况既可促进又可阻碍经济增长。

环境库兹涅茨曲线对经济增长与环境质量辩证关系的描述在我国工业化和经济发展的过程中同样有所重现。有所不同的是：第一，我国在人均收入水平很低的条件下迅速推进工业化。1952 年开始工业化时，我国的人均 GDP 只有 119 元人民币，按当时平均汇率换算大体相当于 50 美元。到 1978 年，我国的人均 GDP 只有 379 元人民币，按平均汇率换算只有 223 美元，明显低于一般模式中作为工业化起点的人均收入水平。[①] 从发达国家顺利过渡为环境改善阶段时的经济状况来看，德国是在人均 GDP 8000 美元过渡的，美国是 11000 美元，日本则是 10000 美元。2015 年，中国人均 GDP 为 8016 美元，与发达国家顺利过渡到环境改善期的人均 GDP 相比还存在差距。第二，我国工业化时期比发达国家工业化时期所处的自然环境更为恶劣。发达国家率先利用环境和资源优势完成工业化，并越过环境库兹涅茨曲线转折点，顺利过渡到环境改善期。我国过去几十年的经济高速增长建立在粗放型的经济增长方式基础上，主要依靠物质要素的投入实现经济增长。这种生产方式导致我国单位 GDP 的能耗、水耗、排放物都明显高于发达国家，形成高投入、高消耗、高排放、低效率的生产特点，对生态环境造成了巨大的危害。

生态环境与社会发展的辩证关系是客观存在的，关键在于如何科学运用这一辩证关系，解决我国经济增长与环境污染之间的矛盾，形成经济增长促进生态环境改善，生态环境改善促进经济增长的良性循环。国内学者通过测度地区工业的静态环境绩效和动态环境绩效，得出中国各省工业环境绩效与工业发展水平之间没有明显的相关关系的结论。比如，2007 年工业发展水平最落后的西藏和相对落后的北京，它们的工业生态效率均为 1；而工业发展水平相对较高的河北省和四川省，它们的工业生态效率却只有 0. 22。[②] 这

① 郭克莎：《中国工业化的进程、问题与出路》，《中国社会科学》2000 年第 3 期。

② 杨文举：《中国地区工业的动态环境绩效：基于 DEA 的经验分析》，《数量经济技术经济研究》2009 年第 6 期。

从一个侧面反映出，并非工业化水平较高的地区生态效率就高，并非工业化程度较低的地区就不能实现生态改善。由此我们可以推论出，生态文明建设并不绝对受制于工业化程度的高低。我国一些城市和地区发展的实践也印证了这一结论。如在山东的威海和青岛等城市的发展中，它们将城市定位于保护环境和实现资源可持续利用上，走出了一条发展循环经济、实现跨越式发展的道路。威海和青岛分别在人均 GDP 4000 美元和 3000 美元时，出现环境改善局面。较之发达国家，威海和青岛成功打破了在人均 GDP 达到 10000 美元左右才过渡到环境改善期的神话，实现了对环境库兹涅茨曲线的跨越。因此，我国要主动利用经济增长对环境质量改善的有利因素，找到一种主动保护和改善环境的社会经济发展模式。

（2）应对生态安全面临的严峻形势

我国生态安全面临严峻的形势。第一，在工业化早期，粗放型的经济增长方式使经济增长过度依赖对自然资源的利用，造成生态环境问题。第二，从资源环境地区差距看，中西部地区财力薄弱，基础设施不完善，产业结构不合理，人才资源稀缺，长期依靠自然资源发展经济，背上了沉重的“资源债”、“环境债”。西部地区的发展凸显了经济增长与生态保护之间极其矛盾的一面，与可持续发展目标背离。

我国还面临着严峻的节能减排国际压力。从能源消耗看，发达国家消耗了大量的物质资源，却将节能减排的责任推向发展中国家。统计资料显示，发达国家与发展中国家的人均物质消费之比，化学品为8:1，木材和能源为10:1，粮食和淡水为3:1；主要欧洲国家人均能源消费是非洲 10 倍，北美（美国和加拿大）则是非洲 20 倍，人口占世界 20% 的发达国家资源消费量占全世界总量的 80%，是发展中国家人均水平的 16 倍。① 从国际关系看，由战后少数大国按照发达国家的意愿和利益建立起来的国际旧秩序尚未从根本上改变，发达国家依靠国际旧秩序获得廉价劳动力、自然资源和资金

① 韩立新：《环境价值论》，云南人民出版社 2005 年版，第 172 页。

等，使发展中国家被迫成为发达国家发展的牺牲品。

这一现象在历史上并不鲜见。马克思在谈到英国将印度沦为殖民地后，给印度带来的深重灾难时就曾指出："他们破坏了本地的公社，摧毁了本地的工业，夷平了本地社会中伟大和崇高的一切，从而毁灭了印度的文明。他们在印度进行统治的历史，除破坏以外很难说还有别的什么内容。"[①] 这里所指的"别的内容"无不包含着英国殖民统治对印度自然环境的破坏和对自然资源的掠夺。

生态学马克思主义者奥康纳指出，资本主义的"不平衡发展"必然导致生态危机。这里的"不平衡"包含了两层含义，一是各种产业及政治结构在空间分布的不平衡状态，即"原料供应地区与对产品的生产加以垄断的地区之间的二元性或对立关系"[②]；二是全球资本主义体系中城市与乡村之间、帝国主义与殖民地之间、中心地区与外围地区之间的剥削和被剥削关系。因此，目前广大发展中国家生态环境问题严重，发展受阻，与历史形成的国际旧秩序和国际剥削制度有着相当大的关联。发达国家推行生态霸权主义，向中国等发展中国家"转移"它们经济发展的环境代价，如借助资本输出和技术输出，将原材料的开采、生产加工过程放到发展中国家，或将资源消耗密集型和资本密集型的产业向发展中国家转移等。它们在向发展中国家转嫁生态危机的同时，还对发展中国家执行严格的环境标准，使发展中国家陷入政治、经济、环境的多重压力。

建设社会主义生态文明是维护我国的生态安全的现实途径，是缩小我国生态环境与发达国家差距的必由之路，是中华民族以崭新面貌屹立于世界民族之林的重要基础。

2. 主要贡献

从改革开放到2002年，党的两代中央领导集体倡导生态环境保护运动的群众性、长期性，并实施植树造林计划；强调人口、经济和自然的协调发展，严格实施"计划生育"；提出并实施可持续

---

① 《马克思恩格斯选集》第1卷，人民出版社1995年版，第768页。

② ［美］詹姆斯·奥康纳：《自然的理由：生态学马克思主义研究》，唐正东、臧佩洪译，南京大学出版社2003年版，第301页。

发展战略，并对可持续发展理论进行了中国式的阐述。

（1）倡导生态环境保护运动的群众性和长期性

1978 年，党中央、国务院作出了关于在我国西北、华北、东北风沙危害和水土流失重点地区建设大型防护林——三北防护林体系建设工程的战略决策。这一战略决策的实施不仅改善了生态环境，而且产生了广泛而深远的国际影响，提高了我国在生态环境保护领域的国际地位。为动员全国各族人民植树造林，加快绿化祖国，1979 年 2 月 23 日，第五届全国人大常委会第六次会议决定每年 3 月 12 日为全国植树节。邓小平在会见美国驻华大使德科克时也曾提出："我们打算坚持植树造林，坚持它二十年，五十年。……就会给人们带来好处，人们就会富裕起来。生态环境也会发生很好的变化。"① 在邓小平植树造林、造福后代思想的推动下，1981 年 12 月 13 日，全国人大五届四次会议一致通过了《关于开展全民义务植树运动的决议》，规定了每人每年植树 3—5 株的义务。从 1979 年中国第一个植树节开始，直到 1989 年的植树节，邓小平不顾高龄，年复一年地坚持参加义务植树。邓小平还认识到植树造林是改善生态环境的重要举措，是造福子孙后代的千秋大业。基于以上认识，1982 年，邓小平在全军植树造林总结经验表彰先进大会上明确提出"植树造林、绿化祖国、造福后代"的思想。1983 年 3 月 12 日，他在北京十三陵水库参加义务植树时的谈话中还指出："植树造林，绿化祖国，是建设社会主义、造福子孙后代的伟大事业，要坚持二十年，坚持一百年，坚持一千年，要一代一代永远干下去。"② 只有将生态环境保护的措施发展成群众性的活动，甚至群众性的事业，这项措施的持续实施才有保障。

（2）强调人口、经济与自然的协调发展

经济发展和环境问题是人类利用自然、改造自然形成的两个方

① 转引自《邓小平论林业与生态建设》，《内蒙古林业》2004 年第 8 期。
② 同上。

面的结果，实现了两者的协调发展就能相得益彰，失去了两者的平衡就会相互牵制。对于中国人口、资源的特点，党中央有清醒的认识。邓小平在谈到中国的国情时，多次指出要使中国实现四个现代化，至少有两个重要特点必须看到：第一个是底子薄；第二个是人口多，耕地少。对于人口问题，邓小平提出要“大力加强计划生育工作，但是即使若干年后人口不再增加，人口多的问题在一段时间内也仍然存在”①。对于经济发展与环境资源的关系问题，邓小平在1979年10月15日会见英国知名人士代表团时提出了“加快经济发展，保护生态环境”的思路。之后，他还强调必须正确处理好发展经济与资源利用的关系，因地制宜，合理开发利用资源。这表明，邓小平对整个社会的可持续发展作出过深入的思考。1990年12月24日，邓小平同中央第三代领导集体进行谈话时指出，要把“自然环境保护”问题列为关系全局发展与跨世纪发展的六大战略问题之一。可见，可持续发展在邓小平时期已提上议事日程。这一战略的提出是党中央全面掌握我国人口、资源、环境的基本情况和经济发展的迫切愿望后，对如何实现人与自然和谐相处的重要思考。总之，以邓小平为核心的党的第二代中央领导集体对人口增长、经济发展与环境资源的和谐相处辩证关系的认识为可持续发展成为国家战略提供了充分的理论准备。

以江泽民为核心的党的第三代中央领导集体发展了邓小平人与自然和谐发展的思想，提出促进人与自然的协调与和谐，首先要从控制人口增长入手。他们强调了人口增长与环境问题之间的直接联系。在我国，人口多与生态资源人均占有量少的矛盾十分突出，“全国人口每年净增一千五百万至一千六百万，耕地每年至少减少四百万亩”②。人口增长已经影响到生态发展，进而影响到国家发展。人口过快增长在我国的发展中，已经成为基础性的难题。基于这样的认识，1995年3月18日，江泽民在中央计划生育工作座谈

① 《邓小平文选》第2卷，人民出版社1994年版，第164页。

② 《江泽民文选》第1卷，人民出版社2006年版，第262页。

会上指出："人口问题从本质上讲是发展问题。我们在经济、社会发展中遇到许多问题，诸如吃饭问题、就业问题、教育问题、资源破坏、环境污染、生态失衡等等，都与人口基数大、增长快有着直接的关系。"① 1997年，在中央计划生育和环境保护工作座谈会上，江泽民明确提出了人口问题与环境问题的直接联系。他提出要通过加强计划生育工作的有效性来提高生态环境的质量，指出"计划生育工作和环境保护工作有着紧密的联系。如果计划生育工作抓得不好，人口控制不住，造成资源过度开发，生态环境就难以得到有效保护，环境质量就难以提高"②。江泽民还认识到"人口盲目膨胀，与社会生产力发展不相适应，不仅难以满足当代人的生活需要，而且势必破坏资源和环境，危及后代人的生存和发展"③。因此，"各级党委和政府特别是主要领导干部，要从战略和全局的高度充分认识人口和计划生育工作的重要性、长期性、艰巨性，始终坚持发展经济和控制人口两手抓"④，"一定要本着对人民负责、对未来负责、对子孙后代负责的态度，继续抓好计划生育工作，确保实现人口控制的目标"⑤。只有控制好人口规模，才能减轻人口过多对经济建设和生态环境保护带来的压力。

其次，要坚持经济发展与生态良好的辩证统一。一方面，"环境保护工作，是实现经济和社会可持续发展的基础"⑥。不能依靠牺牲生态环境为代价，获取经济的短期增长。江泽民指出"有些同志忽视环保工作，认为先把经济搞上去再说，环境保护可暂时放在一边。这种认识是不对的、有害的"⑦，"经济发展，必须与人口、

---

① 《江泽民论有中国特色社会主义（专题摘编）》，中央文献出版社2002年版，第287页。

② 国家环境保护总局、中共中央文献研究室编：《新时期环境保护重要文献选编》，中国环境科学出版社2001年版，第452页。

③ 《江泽民文选》第1卷，人民出版社2006年版，第519页。

④ 《江泽民文选》第3卷，人民出版社2006年版，第464页。

⑤ 《江泽民文选》第1卷，人民出版社2006年版，第521页。

⑥ 《江泽民文选》第3卷，人民出版社2006年版，第465页。

⑦ 《江泽民文选》第1卷，人民出版社2006年版，第533页。

资源、环境统筹考虑，不仅要安排好当前的发展，还要为子孙后代着想，为未来的发展创造更好的条件，决不能走浪费资源和先污染后治理的路子，更不能吃祖宗饭、断子孙路”①。江泽民进一步指出：“如果在发展中不注意环境保护，等到生态环境破坏了以后再来治理和恢复，那就要付出更沉重的代价，甚至造成不可弥补的损失。”② 这是以江泽民为核心的党的第三代中央领导集体反省发达国家“先污染后治理”的工业化老路后，对实施可持续发展战略的深刻认识。江泽民在1996年7月16日的第四次全国环境保护会议上还明确提道：“世界发展中一个严重的教训，就是许多经济发达国家走了一条严重浪费资源先污染后治理的路子。”③ 要在目前的生态条件下实现经济社会的发展，一方面，“要高度重视并切实抓好基础设施建设和生态环境建设，为经济和社会的长远发展打下坚实的基础”④；另一方面，要抓住经济增长的机遇，实现经济增长和环境保护的双赢。

促进人类发展是人类实践活动的永恒目标。良好生态环境的重建，经济快速、健康发展是社会进步不可忽视的两个重要方面。党中央深刻认识到经济增长与生态发展之间的辩证关系，既不能以牺牲生态环境为代价发展经济，也不能以牺牲经济发展为代价保护生态环境。因此，要走出一条同时实现经济效益和生态效益的路子。江泽民指出：“在经济社会中，我们必须努力做到投资少，消耗资源少，而经济社会效益高，环境保护好。”⑤

以江泽民为核心的党的第三代领导集体还将经济与环境的协调发展视为社会主义现代化建设的重大问题，从生产力的高度指出生态环境问题的重要性。2001年2月，江泽民在海南考察工作时的

---

① 《江泽民文选》第1卷，人民出版社2006年版，第532页。

② 同上。

③ 同上书，第533页。

④ 单向前、孟西安：《江泽民在陕西考察工作强调结合新实际大力弘扬延安精神开创新世纪改革发展生动局面》，《光明日报》2002年4月3日。

⑤ 《江泽民文选》第1卷，人民出版社2006年版，第532页。

讲话中指出："要使广大干部群众在思想上真正明确破坏资源环境就是破坏生产力，保护资源环境就是保护生产力，改善资源环境就是改善生产力。"①

人口、经济、自然协调发展的思想是以江泽民为核心的党的第三代中心领导集体生态文明思想的中心内容，是生态文明思想其他内容得以展开的生长点。通过对人口、资源、环境三者辩证关系的认识，党的第三代中央领导集体通过具体实施可持续发展战略，在促进人与自然和谐发展中起到了巨大的推动作用，迈开了生态文明建设的新步伐。

（3）提出实施可持续发展战略

以江泽民为核心的党的第三代中央领导集体对实施可持续发展战略的重要意义作了深刻阐释。江泽民指出："在现代化建设中，必须把实现可持续发展作为一个重大战略。要把控制人口、节约资源、保护环境放到重要位置，使人口增长与社会生产力的发展相适应，使经济建设与资源、环境相协调，实现良性循环。"②1995年9月28日，江泽民在十四届五中全会上的讲话中首次明确提到了可持续发展战略。他提出"在现代化建设中，必须把实现可持续发展作为一个重大战略。要把控制人口、节约资源、保护环境放到重要位置，使人口增长与社会生产力发展相适应，使经济建设与资源、环境相协调，实现良性循环"③。十四届五中全会通过的《中共中央关于制定国民经济和社会发展"九五"计划和2010年远景目标的建议》，第一次把可持续发展作为重要指导方针，庄重地将可持续发展战略纳入"九五"和2010年中长期国民经济和社会发展计划。十四届五中全会在党的文献中首次使用了"可持续发展"这一概念，标志着可持续发展作为国家重要的发展战略确定下来。

---

① 《江泽民论有中国特色社会主义（专题摘编）》，中央文献出版社2002年版，第282页。

② 同上书，第279页。

③ 《江泽民文选》第1卷，人民出版社2006年版，第463页。

以江泽民为核心的党的第三代中央领导集体深刻揭示了可持续发展的内涵。1987 年，世界环境与发展委员会在《我们共同的未来》中将“可持续发展”定义为：“既满足当代人的需求，又不对后代人满足其自身需求的能力构成危害的发展。”江泽民对可持续发展的内涵作了中国式阐述。1996 年 3 月 10 日，江泽民在中央计划生育工作座谈会上的讲话明确提出了可持续发展的内涵。他指出“可持续发展，就是既要考虑当前发展的需要，又要考虑未来发展的需要，不要以牺牲后代人的利益为代价来满足当代人的利益。实现可持续发展，是人类社会发展的必然要求”①。这一内涵的提出有两大重要意义：第一，深刻解释了可持续发展的公平原则，环境资源的公平不仅是代内的公平，还要满足代际公平；第二，人类社会发展的最终目标是获得自然的全面解放和人的全面解放，可持续发展是以此为目标的。

1996 年 7 月 16 日，在第四次全国环境保护会议上，江泽民强调了可持续发展战略的重要地位。他指出：“环境保护很重要，是关系我国长远发展的全局性战略问题。在社会主义现代化建设中，必须把贯彻实施可持续发展战略始终作为一件大事来抓。”② 之后我国相继通过了一系列实施可持续发展战略的重要文件，如《全国生态环境保护纲要》（2000 年）、《可持续发展科技纲要》（2000 年）等。1997 年，党的十五大再次重申“我国是人口多、资源相对不足的国家，在现代化建设中必须实施可持续发展战略”，第一次将可持续发展写入党的报告。十五大报告还提出了实施可持续发展的具体措施，包括：坚持开发和节约并举，把节约放在首位，提高资源利用效率；加强法治，统筹国土资源开发整治；实施资源有偿使用制度；加强环境污染治理，改善生态环境；控制人口数量，提高人口素质，重视人口老龄化。

3. 现实价值

这一阶段，我国探索中国特色社会主义生态文明思想最大的成

① 《江泽民文选》第 1 卷，人民出版社 2006 年版，第 518 页。
② 同上书，第 532 页。

果是在思维范式上对发展问题有了全新的思考，即将生态发展作为发展的重要内容提出，解决了什么是发展的问题；强调发展的主体和目的都是人，解决了发展为谁的问题；提出发展的全面、协调和可持续性，解决了如何发展的问题。

（1）实现了从“经济增长”向“可持续发展”范式的转换

“二战”后，世界经济衰退，各国普遍拥护“经济增长型”发展理论，强调经济增长在社会发展中的根本作用。在人与自然关系的处理上，普遍将自然界置于支配地位，在征服自然界的过程中获取发展的动力。到20世纪60年代末，各国开始重视社会发展的综合性，强调经济、政治、文化等社会要素对发展的意义。80年代后，各国强调发展的目的性，即为了一切人和人的全面发展。人既是发展的主体，又是发展的目标。1995年3月，在哥本哈根召开的世界首脑会议通过了《宣言》和《行动纲领》倡导社会发展以人为中心。人是可持续发展的中心课题，社会发展的最终目标是改善和提高全体人民的生活质量。

人类发展观的更新为我国发展范式的转换提供了全新的思路，我们对可持续发展有了全新的理解。经济增长不等于经济发展，必须正确处理发展与增长之间的关系；经济增长不等于社会进步，必须坚持经济与社会的协调发展；在发展中，必须重视人的主体地位，人既是发展的主体，又是发展的目的；发展不能以牺牲生态环境为代价，自然发展与人的发展是统一的。

（2）构建了发展的基本原则

第一，和谐发展原则。确定了人与自然和谐相处是社会主义和谐社会的重要特征。在生态文明建设中构建和谐社会，需要在两方面努力。首先，要实现生态发展与社会发展的和谐统一。生态发展与社会发展是对立统一的。在构建社会主义和谐社会时，不能以生态环境的恶化为代价，否则人类的发展将会受制于自然界。其次，要实现地区间经济、生态的平衡发展。在我国，中西部地区生态环境差异与社会经济发展水平密切相关。国家加快推进中西部地区工业化、城市化的进程，使中西部地区尽快脱离依赖资源和环境发展经济的局面。

第二，可持续发展原则。在生态文明建设实践中，我国坚持了可持续发展的三大原则：第一，可持续发展不仅仅是经济的可持续发展，还包括政治、文化、生态等多方面的可持续发展；第二，可持续发展要考虑到地区间的平衡、协调发展，不能以一些地区的牺牲换取另一些地区的发展；第三，可持续发展要注重两个公平，即代内公平和代际公平。

（三）逐步完善（2002—2012 年）

生态环境的不断恶化使中国不仅面临发展困境，甚至遭遇生存威胁；工业化的紧迫任务要求我们必须找到一条既能够加快工业化又能改善生态环境的科学道路；由国内外生态环境、政治经济状况带来的生态安全问题也急需科学的路径来解除。因此，在理论上找到当代中国社会发展和生态保护的科学指导思想，在实践中探索出一条生态文明建设的科学道路成为我国在新世纪面临的重要任务。

1. 历史缘由

2000 年，我国人民生活总体上达到小康水平，实现了 1987 年党在十三大报告中提出的中国经济建设“三步走”战略部署的前两步。进入新世纪，我国进入全面建设小康社会，加快推进社会主义现代化的新阶段。新的历史阶段出现了新矛盾和新课题。从发展的模式和特征看，中国经济实力虽显著增强，但粗放型的经济增长方式难以支撑我国经济的进一步发展；经济与生态之间发展不协调为社会可持续发展带来极大的压力，甚至成为严重制约我国发展的瓶颈。为捍卫 20 多年改革开放取得的巨大成就，我国只有深入贯彻落实科学发展观，创新发展方式，才能在全面建设小康的道路上继续迈进。

（1）生态环境的进一步恶化

自然环境退化严重。第一，水土流失严重。据 2008 年中国水土流失与生态安全综合科学考察组历经三年调查的结果显示，我国水土流失面积达 356.92 万平方公里，其中水力侵蚀面积为 161.22

万平方公里，风力侵蚀面积为195.70万平方公里①。第二，沙漠化迅速发展。我国的沙漠及沙漠化土地面积约为160.7万平方公里，占国土面积的16.7%。第三，环境污染加剧。从水污染来看，2004年我国600多个城市中，有400多个城市存在供水不足的问题。我国大气污染状况亦十分严重，空气煤烟型污染特征突出。城市大气环境中总悬浮颗粒物浓度普遍超标；二氧化硫污染保持在较高水平；机动车尾气污染物排放总量迅速增加；氮氧化物污染呈加重趋势；全国形成华中、西南、华东、华南多个酸雨区，以华中酸雨区为重。

自然资源破坏严重。第一，森林资源锐减。中国许多主要林区，森林面积大幅减少。全国森林采伐量和消耗量远远超过林木生长量，森林赤字严重。第二，草原退化加剧。近些年来，中国草原每年约减少150万公顷，且这种趋势还在持续。第三，生物物种加速灭绝。我国生物物种居北半球之首，但据相关媒体报道，我国有近2000种野生动植物濒临灭绝。生物多样性的缺失将造成地球自然体系的退化，甚至崩溃。

不可再生资源紧缺。不可再生资源分为可重复利用资源，如金、银、铜、铁等金属矿产等和不可重复利用资源，如煤、石油、天然气等化石燃料。目前，我国最为紧缺的是不可重复利用资源。近10年来，中国石油消费量年均增长率达到7%以上，而国内石油供应年增长率仅为1.7%。石油的供求矛盾使中国2005年对外依存度达到42.9%。2006—2020年期间，国内石油产量远远不能满足需求，且供需缺口越来越大。2010年后中国石油对外依存度将超过60%，到2020年石油对外依存度将达到70%左右。②

（2）传统工业化道路弊端显现

我国正由“轻化”型经济特征向自主主导的、带动力较强的、可持续的“重化工业”方向发展。自2002年起，重工业增长不仅

① 鄂竟平：《中国水土流失与生态安全综合科学考察总结报告》，《中国水土保持》2008年第12期。

② 张艳：《石油对外依存度将创新高》，《京华时报》2010年12月30日。

明显超过轻工业，还成为带动工业增长的主导力量。如：2002 年工业增加值增长率为 12.6%，其中，重工业增长率为 13.1%，轻工业增长率为 12.1%；2003 年则分别提高到 17.0%、18.6% 和 14.6%。与此同时，据世界银行测算，中国的空气和水污染造成的损失占到年 GDP 的 8%。而中科院测算的数据表明，环境污染使我国的发展成本比世界平均水平高 7%，环境污染和生态破坏造成的损失占 GDP 的 15%。国家环保总局的生态状况调查表明，西部 9 省区生态破坏造成的直接经济损失占当地 GDP 的 13%，等于甘肃和青海 GDP 的总和。世界银行的另一个统计数据表明，如果仍然毫无节制地发展火电，2020 年我国因为燃煤污染所导致的疾病将损失 GDP 的 13%。[①] 总之，重工业加速发展的现实，不断催促我们向生态文明迈进。

我国面临着繁重的工业化任务，对资源环境的要求高，而且较发达国家工业化时期面临更脆弱的生态环境。在工业化前期的经济增长中，我国以过度消费资源环境换取经济繁荣，形成了片面重视经济，忽视长期生态效应的粗放型经济增长方式，为中国生态环境带来长期性、积累性的后果。

（3）科学发展任务紧迫

发展问题始终是马克思主义研究的重大问题。中国共产党历来重视发展，并将发展作为党执政兴国的第一要务。“一个国家坚持什么样的发展观，对这个国家的发展会产生重大影响，不同的发展观往往会导致不同的发展结果。”[②] 21 世纪以来，我国社会发展面临着片面、不协调、不可持续的深层次问题，党中央着眼于探索发展规律，把握发展方向，解决发展的实际问题，提出了全面协调可持续的科学发展观。

针对中国社会发展过程中，社会发展与生态环境恶化之间的矛盾，科学发展观明确提出人与自然和谐发展的内在要求。在科学发

① 张晓第：《生态文明：工业文明发展的必然结果》，《经济前沿》2008 年第 4 期。
② 胡锦涛：《推进合作共赢，实现持续发展》，《人民日报》2004 年 11 月 21 日。

展观的指导下，党中央、国务院提出了一系列关于实现社会经济与生态环境可持续发展的思路和途径。2005 年 6 月，胡锦涛在省部级主要领导干部提高构建社会主义和谐社会能力专题研讨班上的讲话中提出建设社会主义和谐社会的思想。他指出："我们所要建设的社会主义和谐社会，应该是民主法治、公平正义、诚信友爱、充满活力、安定有序、人与自然和谐相处的社会。"① 这一讲话将人与自然和谐相处摆在了社会主义和谐社会重要特征的位置上，体现了科学发展的内在要求。2005 年党的十六届五中全会提出"建设资源节约型、环境友好型社会"，以发展战略的形式具体落实了科学发展观倡导的人与自然和谐发展的内在要求。2005 年 12 月 3 日，国务院下发了《国务院关于落实科学发展观加强环境保护的决定》，强调用科学发展观统领环境保护工作，明确了经济社会发展必须与环境保护相协调的总体原则等。2007 年党的十七大报告首次提出了"建设生态文明"的目标，并指出建设生态文明要"基本形成节约能源资源和保护生态环境的产业结构、增长方式、消费模式"，标志着我国的生态文明建设进入新的历史时期。

2. 主要贡献

面对生态环境的进一步恶化，我国提出了科学发展观。为实现"三步走"发展战略，我国提出了全面建设小康社会的新目标。全面建设小康社会包含着生态良好的发展目标，将社会主义生态文明建设的重要性提到了新的高度。

（1）明确提出建设社会主义生态文明的目标

十六大以来，以胡锦涛为总书记的党中央在领导全党全国人民全面建设小康社会的实践中，更加注重生态问题，把生态文明建设推进到一个新的阶段。2002 年，党的十六大报告明确提出，全面建设小康社会，应当走出一条可持续发展能力逐渐增强，生态环境不断得到改善，资源利用的效率能够持续提高，而且还能促进人和

---

① 胡锦涛：《在省部级主要领导干部提高构建社会主义和谐社会能力专题研讨班上的讲话》，《人民日报》2005 年 6 月 27 日。

自然的和谐相处的道路，以推动我们的社会走上生产发展与生态良好的新型文明之路。此时，生态文明的概念虽未明确提出，但是生态文明建设的目标已经明确。

在2005年召开的中央人口资源环境工作座谈会上，胡锦涛使用了“生态文明”一词。他提出，我国当前环境工作的重点之一便是“完善促进生态建设的法律和政策体系，制定全国生态保护规划，在全社会大力进行生态文明教育”。在2005年年底出台的《国务院关于落实科学发展观加强环境保护的决定》中也明确要求环境保护工作应该在科学发展观的统领下“依靠科技进步，发展循环经济，倡导生态文明，强化环境法治，完善监管体制，建立长效机制”。2007年，党的十七大第一次把建设生态文明作为一项战略任务明确提出来，指出“建设生态文明，基本形成节约能源资源和保护生态环境的产业结构、增长方式、消费模式”，并将生态文明的目标描述为“循环经济形成较大规模，可再生能源比重显著上升。主要污染物排放得到有效控制，生态环境质量明显改善。生态文明观念在全社会牢固树立”。

（2）提出包括生态良好的全面建设小康社会的目标

江泽民在党的十七大报告上作了《全面建设小康社会，开创中国特色社会主义事业新局面》的报告，将全面建设小康社会的目标摆在社会主义建设和发展的重要历史地位。十六大报告指出：“必须看到，我国正处于并将长期处于社会主义初级阶段，现在达到的小康还是低水平的、不全面的、发展很不平衡的小康”，其中“生态环境、自然资源和经济社会发展的矛盾日益突出”是突出问题之一。因此，党的十七大提出了全面建设小康社会的生态文明建设目标，即：使可持续发展能力不断增强，生态环境得到改善，资源利用效率显著提高，促进人与自然的和谐，推动整个社会走上生产发展、生活富裕、生态良好的文明发展道路。

（3）形成“五位一体”社会主义事业总布局的雏形

2007年12月17日，胡锦涛在新进中央委员会的委员、候补委员学习贯彻党的十七大精神研讨班开班仪式上发表讲话，强调：

“贯彻落实全面协调可持续的基本要求，必须按照中国特色社会主义事业总体布局，全面推进经济建设、政治建设、文化建设、社会建设，积极推进生态文明建设。”① 这次讲话将生态文明建设和经济、政治、文化和社会建设相提并论，是“五位一体”总布局思路的雏形。2008 年 1 月 29 日，中共中央政治局第三次集体学习时胡锦涛又强调指出：“贯彻落实实现全面建设小康社会奋斗目标的新要求，必须全面推进经济建设、政治建设、文化建设、社会建设以及生态文明建设，促进现代化各个环节、各个方面相协调。”② 2008 年 9 月 19 日，他在全党深入学习实践科学发展观活动动员大会暨省部级主要领导干部专题研讨班上强调“我们必须走生产发展、生活富裕、生态良好的文明发展道路，全面推进社会主义经济建设、政治建设、文化建设、社会建设以及生态文明建设，努力加快实现以人为本、全面协调可持续的科学发展”；2008 年 12 月 15 日，《在纪念中国科协成立五十周年大会上的讲话》中他提出“我们要深入贯彻落实科学发展观，全面推进社会主义经济建设、政治建设、文化建设、社会建设以及生态文明建设，更好推进改革开放和社会主义现代化建设，更好应对来自国际环境的各种风险和挑战，迫切需要提高决策科学化、民主化水平”；2009 年 9 月 29 日，《在国务院第五次全国民族团结进步表彰大会上的讲话》中，他强调在加快少数民族和民族地区发展问题上，要“采取更加有力的措施，显著加快民族地区经济社会发展，显著加快民族地区保障和改善民生进程，全面推进民族地区社会主义经济建设、政治建设、文化建设、社会建设以及生态文明建设，维护各族人民根本利益，让各族人民共享改革发展成果”。生态文明建设开始与其他四项建设一起成为中国特色社会主义事业总体布局的组成部分。

---

① 孙承斌、李亚杰：《坚定不移高举中国特色社会主义伟大旗帜 扎扎实实把党的十七大精神学习好贯彻好》，《人民日报》2007 年 12 月 18 日。

② 胡锦涛：《精心谋划　周密组织　突出重点　狠抓落实　切实贯彻全面建设小康社会奋斗目标的新要求》，《人民日报》2008 年 1 月 31 日。

3. 现实价值

全面建设小康社会，社会主义生态文明建设目标的提出，“五位一体”社会主义事业总布局框架的形成是这一阶段党和国家对中国特色社会主义生态文明思想的重要发展。从实践看，中国特色社会主义生态文明思想为社会主义生态文明建设提供了重要指导。

（1）解决了处于社会主义初级阶段、工业文明尚未完成的发展中国家如何建设生态文明的问题

马克思恩格斯生态文明的社会理想几乎是建立在资本主义制度消亡，资本消失，人与自然异化关系消除，以公有制为基础的生态化社会化大生产已经建立的基础上的。在纯粹的理论条件下，依靠公有制生产资料按计划使用的优越性和发达的社会生产力、科技水平，生态文明必然会实现。然而，在社会主义初级阶段，生产力水平和科技水平低下，社会主义市场经济长期存在，且面临着工业化和经济增长的艰巨任务。在这样的历史条件下，如何建设生态文明是马克思恩格斯生态文明思想未具体涉及的。

自新中国成立以来，特别是改革开放以来，党的几代中央领导集体运用马克思恩格斯生态文明思想的理论、立场和方法，分析解决当代中国生态环境的实际问题，揭示中国社会发展的基本规律，并将中国特色社会主义生态文明建设的实践经验加以科学总结和理性提升，使之上升为中国特色社会主义生态文明思想，并以中国特有的独创性的内容，丰富和发展了马克思恩格斯的生态文明思想。

（2）提出了如何建设社会主义生态文明的具体途径

当代中国生态文明思想充分运用了马克思恩格斯生态文明思想的基本框架和辩证唯物主义的基本方法，形成了在社会主义制度下推进人类文明进步的基本思路和实施可持续发展战略、走新型工业化道路、发展循环经济、建设“两型社会”等具体途径。这些基本思路和途径既体现了马克思恩格斯生态文明思想的基本内容和基本思路，又是对马克思恩格斯生态文明思想的发展和补充。

（四）进一步升华（2012 年至今）

党的十八大报告从“五位一体”的高度论述了生态文明建设的重要性；十八届三中全会提出紧紧围绕美丽中国深化生态文明体制改革，加快生态文明的制度建设等重要内容。这为当前研究社会主义制度与生态文明的契合提出了新的要求。十八大以后，围绕生态文明建设和美丽中国的目标，党和国家进一步升华了中国特色社会主义生态文明思想。

1. 将生态问题视为民生问题

党的十七大报告将民生问题单列一章，十八大报告将生态文明单列一章，体现了党执政理念的深化。民生问题、生态问题成为党和国家谋发展的重要内容。十八大以来，以习近平为核心的党中央多次强调生态问题即是民生问题。2013 年 4 月习近平在海南考察时指出：“良好生态环境是最公平的公共产品，是最普惠的民生福祉。”在同年 4 月 25 日，习近平在十八届中央政治局常委会会议上发表讲话时又谈道：“经济上去了，老百姓的幸福感大打折扣，甚至强烈的不满情绪上来了，那是什么形势？所以，我们不能把加强生态文明建设、加强生态环境保护、提倡绿色低碳生活方式等仅仅作为经济问题。这里面有很大的政治。”2014 年 3 月，习近平在参加十二届全国人大二次会议贵州代表团审议时，强调“小康全面不全面，生态环境质量是关键。因地制宜选择好发展产业，让绿水青山充分发挥经济社会效益，切实做到经济效益、社会效益、生态效益同步提升，实现百姓富、生态美有机统一”。随着社会对生态环境问题关注度的提高，2014 年 6 月，习近平在国际工程科技大会上发表主旨演讲时强调“将加大自然生态系统和环境保护力度，着力解决雾霾等一系列问题，努力建设天蓝地绿水净的美丽中国”。2015 年，中共中央、国务院发布的《关于加快推进生态文明建设的意见》提出在全面推进污染防治工作中，要按照以人为本的原则，建立以保障人体健康为核心的环境管理体系，加快解决人民群众反映强烈的大气、水、土壤污染等突出环境问题。该《意见》还提出了推进绿色城镇化、美丽乡村建设的要求，并将让人民群众呼吸新鲜空气，喝上干净的水，在良好的环境中生产生活作为国家切实改善生态环境的具体目标。

习近平关于生态文明建设的系列讲话和国家关于生态文明建设的系列文件充分表明：第一，新一届的党中央充分认识到生态环境问题直接影响了人民生活，生态问题就是民生问题。在生态文明建设的推进工作中，党和国家既着力解决对经济社会可持续发展制约性强、群众反映强烈的突出问题；又着眼长远，将加强顶层设计与鼓励基层探索相结合，持之以恒全面推进生态文明建设。第二，生态问题不仅仅是环保问题、经济问题。生态问题的解决关系到社会发展的前景，关系到全面小康社会的建成。第三，生态问题的解决必须依赖于社会的全面进步，要坚持把深化改革和创新驱动作为基本动力。

2. 将生态环境视为生产力发展的要素

生产力的三要素劳动者、劳动对象和劳动资料，与生态环境有密切关系。生态环境虽不是生产力的要素，但它直接影响到生产力三要素功能的发挥。2013 年 5 月，习近平在中央政治局第六次集体学习时指出："要正确处理好经济发展同生态环境保护的关系，牢固树立保护生态环境就是保护生产力、改善生态环境就是发展生产力的理念。"在 2014 年 3 月 7 日，习近平在参加十二届全国人大二次会议贵州代表团审议时又强调"保护生态环境就是保护生产力"，提出"绿水青山和金山银山绝不是对立的，关键在人，关键在思路"。这表明，党和国家充分认识到经济建设和生态建设的矛盾是可以解决好的，关键在于发展生产力，最终实现生态环境改善—生产力发展—经济发展的良性循环。2015 年中共中央、国务院发布的《关于加快推进生态文明建设的意见》，提出要从根本上缓解经济发展与资源环境之间的矛盾，必须构建科技含量高、资源消耗低、环境污染少的产业结构，加快推动生产方式绿色化，大幅提高经济绿色化程度，有效降低发展资源环境的代价。实现生态保护和产业发展的双赢，是生态生产力的直接体现。

3. 加强生态文明的法律和制度建设

改革开放之初，我国就认识到制度建设对生态环境保护的重要意义。从1978年的《宪法》将环保列入国家根本大法后，我国制定了《环境保护法》，使环境保护步入法制化轨道。十五大后，我国加快了生态环境保护立法的步伐，为可持续发展提供了法制保障。以习近平为核心的党中央更加重视生态文明法制建设。

2013年5月，习近平在中央政治局第六次集体学习时指出："要牢固树立生态红线的观念。在生态环境保护问题上，就是要不能越雷池一步，否则就应该受到惩罚。"这表明党和国家在生态保护问题上，决心通过制度建设，对破坏生态环境的行为进行整治。2013年11月15日，习近平在对《中共中央关于全面深化改革若干重大问题的决定》作说明时指出："我国生态环境保护中存在的一些突出问题，一定程度上与体制不健全有关，原因之一是全民所有自然资源资产的所有权人不到位，所有权人权益不落实。"针对这一问题，全会决定提出健全国家自然资源资产管理体制的要求。2015年4月中共中央、国务院发布的《关于加快推进生态文明建设的意见》，提出要加快建立系统完整的生态文明制度体系、规范和约束各类开发、利用、保护自然资源的行为，用制度保护生态环境。通过健全生态保护补偿机制、政绩考核制度，完善标准体系、生态环境监管制度、经济政策、责任追究制度，推进市场化机制等手段，建立健全生态文明建设的法律法规体系。

三　演进规律：中国特色社会主义生态文明思想的发展趋势

中国特色社会主义生态文明思想历经几代党和国家领导人，逐步形成、发展并升华。中国特色社会主义生态文明思想从倡导环境保护开始，到成为社会主义事业"五位一体"总布局的重要内容，在理论演变的过程中，表现出以下特征和发展趋势。

（一）对生态文明概念的界定日益清晰

生态文明的概念从无到有，从学术概念到执政理念，并形成中国特色社会主义生态文明思想，主要动力有三：一是党和国家将中国特色社会主义生态文明建设实践经验上升为理论；二是党和国家总结制定的生态文明建设的相关法律法规、政策、意见等形成理论；三是学术界在理论研究中，形成新思想。学术界主要对生态文明的概念进行了界定，对生态文明研究的维度进行了梳理。

1. 对“生态”、“文明”与“生态文明”的界定

“生态”（eco-）一词源于古希腊字，指家（house）或者我们的环境。《现代汉语词典》将“生态”解释为生物在自定的自然环境下生存和发展的状态，也指生物的生理特性和生活习惯。将自然界作为“生态”的研究范围，“生态”就包括生物之间以及生物与自然之间的相互关系和存在状态，亦称自然生态。“文明”是人类所创造的财富的总和，它涵盖了人处理人与自然、人与社会、人与人之间关系所取得的所有进步。单从词义上讲，“生态”和“文明”两词有其对立的一面，前者是指自然、生物本身具有的状态及其固有的规律；而后者则指人发挥主观能动性，按照人的意志和目的改变各种自然状态所取得的财富和进步。用“生态”来定义“文明”是指人按照生物在自然环境下生存和发展的状态及生物与生物、生物与自然之间的相互关系及其发展规律，把自然生态纳入到人类可以改造的范围之内来处理人与自然、人与人、人与社会之间关系所获得的成果。人违背自然规律，破坏生物之间、生物与自然之间的关系而形成的处理人与自然、人与人、人与社会之间关系的成果不能称之为“生态文明”。在此意义上，日本著名的马克思主义理论家岩佐茂在更宽广的意义上定义了“生态”，认为广义的生态是指“在个人生存方式上保护环境的生活态度和积极保护自然环境运动的”[①]，将生态与人

---

① ［日］岩佐茂：《环境的思想——环境保护与马克思主义的结合处》，韩立新等译，中央编译出版社2006年版，第5页。

类活动联系起来。

国内学者也从人与自然相联系角度定义“生态文明”。据考证，在我国最早使用“生态文明”这一概念的是著名生态学家叶谦吉。1987年，他在全国生态农业问题讨论会上提出应“大力建设生态文明”，并在同年6月23日发表的《真正的文明时代才刚刚起步——叶谦吉教授呼吁开展生态文明建设》中提出“所谓生态文明就是人类既获利于自然，又还利于自然，在改造自然的同时又保护自然，人与自然之间保持着和谐统一的关系”①。国家环保总局副局长潘岳在此意义上强调了生态文明与人类社会活动之间的联系，指出生态文明是人类遵循人、自然、社会和谐发展这一客观规律而取得的物质和精神成果的总和。② 俞可平在《生态文明系列丛书》总序中将生态文明定义为：“人类在改造自然以造福自身的过程中为实现人与自然之间的和谐所做的全部努力和所取得的全部成果，它表征着人与自然相互关系的进步状态。”③ 邓坤金、李国兴将生态文明定义为：“人们在改造客观物质世界的同时，积极改善和优化人与自然、人与人、人与社会的关系，从而在建设人类社会整体的生态运行机制和良好的生态环境中所取得的物质、精神、制度各方面成果的总和。”④ 从这些定义中可以看出，生态文明不仅包括人在改造人与自然关系上的成果，还包括人改造人与人之间关系的成果，是社会全方位的进步和升级。

2. “生态文明”的四个维度

国内学术界多从以下四个维度解释生态文明：一是，生态文明是人类社会的一种文明形态。钟远平、郭晓林认为生态文明是人类在历经农业文明、特别是工业文明之后，为了克服在改造客观物质

---

① 转引自徐春《生态文明是科学自觉的文明形态》，《中国环境报》2011年1月24日。

② 潘岳：《生态文明是社会文明体系的基础》，《中国国情国力》2006年第10期。

③ 李惠斌、薛晓源、王沿珂主编：《生态文明与马克思主义》，中央编译出版社2007年版，第3页。

④ 邓坤金、李国兴：《简论马克思主义的生态文明观》，《哲学研究》2010年第5期。

世界中的负效应，积极改善和优化人与自然、人与人的关系，建设有序的生态环境所取得的物质、精神、制度方面成果的总和，是一种新的文明形态。[①] 就其历史方位而言，生态文明是人类理性发展的最新层次。目前，人类文明正处于从工业文明向生态文明过渡的阶段。二是，生态文明是社会文明的一种形式。从社会的文明结构看，生态文明是与物质文明、精神文明、政治文明、社会文明相并列的一种文明形式，即人类在处理与自然的关系时所达到的文明程度，是社会文明结构的重要组成部分。当然，作为社会文明结构重要组成部分的生态文明与作为社会形态的生态文明之间是有密切联系的，前者是实现后者的基础，而后者又包含着更高层次的前者。三是，生态文明是社会发展的一种理念。从原始文明过渡到农业文明，是以铁制农具的广泛使用为标志的，工业文明的出现以蒸汽机为代表的第一次科技革命为标志。从工业文明向生态文明过渡没有实物的标志，主要表现为对工业文明造成的生态负效应的反思，以建立人与自然和谐发展的理念以及对未来可持续发展的谋划为标志。第四，生态文明是社会主义的制度属性。社会主义制度与生态理性有天然的契合性，生态文明是社会主义的本质特征，是社会主义优越性的体现。

（二）在治国理政思想中的地位不断提升

党在十八大构建了社会主义事业“五位一体”总布局。生态文明建设是“五位一体”总布局的重要方面，“美丽中国”是生态文明建设的战略目标。

1. 从“以经济建设为中心”到“五位一体”总布局

第一，“以经济建设为中心”。为解决社会主义初级阶段人民日益增长的物质文化需要同落后的社会生产之间的主要矛盾，党的十一届三中全会果断地终止了“以阶级斗争为纲”的路线，把全党工

---

① 钟远平、郭晓林：《生态文明的社会发展导向探析》，《学校党建与思想教育》2011 年第 2 期。

作重心转移到经济建设上来，提出了以经济建设为中心、发展生产力、实现四个现代化的任务。

第二，物质文明和精神文明建设“两位一体”。在对社会主义精神文明建设成败得失认真总结的基础上，党的十二大报告和十二届六中全会从社会主义制度的高度指明了精神文明建设的重要意义，强调了精神文明建设是社会主义制度优越性的重要表现，并阐述了社会主义精神文明建设的一系列根本问题和指导方针。

第三，物质文明、精神文明、政治文明建设“三位一体”。党的十三届四中全会后，江泽民在领导我国改革开放和现代化建设的实践中，在“两个文明”的基础上提出建设有中国特色的社会主义政治文明。在十五大报告中，江泽民将建设有中国特色社会主义的经济、政治和文化作为党在社会主义初级阶段的三大基本纲领，从而把以往物质文明和精神文明的二分关系转变为经济、政治、文化的三分关系，形成了“三位一体”发展的总体思路。

第四，从“三位一体”到“四位一体”。随着构建社会主义和谐社会战略目标的提出，中国特色社会主义事业的总体布局更加明确地由社会主义经济建设、政治建设、文化建设‘三位一体’发展为社会主义经济建设、政治建设、文化建设、社会建设‘四位一体’。这一格局的提出，进一步明确了构建社会主义和谐社会在中国特色社会主义事业总体布局中的地位。

第五，“五位一体”中国特色社会主义的总布局。改革开放以来，我国社会发展各方面成就突出，但是经济增长带来的生态代价逐渐显露出来。党在十六大将生态文明建设作为全面建设小康社会的目标之一。党在十七大对生态文明建设提出了新要求。党的十八大报告首次将“大力推进生态文明建设”单列一节，系统论述了生态文明的思想内涵、战略定位和重点任务，标志着“五位一体”总布局理论的最终形成。

2. 从“生态良好”到“美丽中国”

2002 年，党在十六大报告中提出了全面建设小康社会的目标，着力推动整个社会走上生产发展、生活富裕、生态良好的文明发展道路。2007 年，党在十七大报告中提出了全面建设小康社会奋斗目标的新要求，明确提出建设生态文明，并再次强调要坚持生产发展、生活富裕、生态良好的文明发展道路。十七大报告体现了党和国家对生态文明建设意识的提升，但对生态文明建设的战略目标尚未清晰，仍然沿用十六大“生态良好”的提法。

2012 年，党在十八大报告中提出“把生态文明建设放在突出地位，融入经济建设、政治建设、文化建设、社会建设各方面和全过程，努力建设美丽中国，实现中华民族永续发展”。这段论述首次提出“美丽中国”一词，并且指出了建设美丽中国的目的是“给自然留下更多修复空间，给农业留下更多良田，给子孙后代留下天蓝、地绿、水净的美好家园”。“美丽中国”一词明确了生态文明建设的目标，但“美丽中国”内涵丰富，不仅仅指生态环境的改善。从全面建设小康社会起，生态文明已成为文明转型的重要概念。就生态文明本意看，广义的生态文明是人类文明理性的最高层次，是超越于工业文明的文明形态。因此，“美丽中国”表达了中国从“以经济建设为中心”到“五位一体”发展的重要转折，体现了全面协调可持续的科学发展理念。

（三）始终围绕生产力发展的主线演进

实现生态文明要透过人与自然关系的冲突，看到人与人之间的矛盾；着眼于改变社会生产方式、变革社会制度来解决人与人之间的矛盾，从而解决人与自然之间的矛盾。资本主义制度是孕育生态问题的温床。我国的社会主义制度也并非尽善尽美。我国存在着比较严重的生态问题。因此，如何完善社会主义制度，如何利用社会主义制度优势解决生态问题，是中国特色社会主义生态文明建设思想要解决的关键问题。

生产力指在生产中人与自然的关系。生态环境问题是人与自然的关系在生产力发展过程中失衡的表现。人类社会经历了社会生产活动不足以破坏生态环境的原始社会、奴隶社会和封建社会，形成了原始文明和农业文明。之后，人与自然的关系经历了生产力水平不断提高，人类向大自然索取能力不断增强，以获得最大化的物质资料的资本主义社会，形成了工业文明。目前，人类正处于运用新的生产能力主动协调人与自然的关系，实现人类社会的可持续发展，逐步由工业文明过渡到生态文明的历史阶段。

人与自然的关系从“自然和谐”走向对立，再由对立走向“自觉和谐”，反映了人与自然关系由和谐到异化，再从异化到异化扬弃的历史过程。这一历史过程是在生产资料所有制的更替中实现的。马克思恩格斯的生态文明思想指出，人与自然的协调发展只有变革私有制的生产关系才能实现，因此，社会主义公有制是扬弃人与自然异化关系的前提和基础。邓小平在回答什么是社会主义的时候就明确指出贫穷不是社会主义。如今我们虽然早已确立起社会主义制度，但是人口多、底子薄、生产力发展不均衡是我国长期存在的问题，这样的社会主义显然是处于初级阶段的社会主义，还不具备社会主义的完备功能，还不可能为生态文明建设提供强有力的物质力量。

社会主义生产力的发展与生态文明建设不仅不矛盾，而且是为同一目标共同奋斗的两个方面。发展生产力是实现生态文明的基础。生态问题是发展中的问题，要用发展的思路来解决。纵观发达资本主义国家的生产力发展史，虽然他们崇尚的经济理性与生态理性天然对立，但是他们的生态环境保护和改善走在了发展中国家的前面，其重要原因就在于它们具备先进的生产力，掌握了环境保护和治理的高端科技。政府实行国家管理的职能，将这些技术运用于生态环境的保护和生态危机的治理，达到了良好的效果。我国是社会主义国家，公有制是生态文明建设基本前提，生产力的发展和科学进步的成果要用于满足人民群众日益增长的物质文化需求。保护和改善生态环境，扬弃人与自然的异化关系，便是将生产力发展和科技进步的成果用于满足人民群众日益增长的生态需求的具体体现。

（四）始终以满足人民群众的实践需要为目标

从党的几代国家领导人推进中国特色社会主义生态文明建设的进程看，生态文明实践和生态文明思想的形成，与生态环境的变化息息相关。改革开放以来，为实现经济的快速增长，满足人民群众日益增长的物质文明需求，我国经济实现了“粗放型”的增长。经济增长建立在生态环境的极大消耗之上。以 2012 年为例，2012 年我国经济总量约占全球的 11.5%，却消耗了全球 21.3% 的资源，45% 的钢，43% 的铜，54% 的水，仅原油、铁矿石对外依存度就分别达到了 56.4% 和 66.5%，排放的二氧化硫氮氧化物总量已居世界第一。① 从国际环境看，气候问题成为公认的国际问题。每个国家都应该对应变气候变化作出努力。无论从国内文明的转型还是从全球生态环境改善出发，生态文明建设是功在当代、利在千秋的伟业。鉴于各国发展的历史责任、路径依赖、发展阶段和能力差异，我国秉承着“共同但有区别”的责任原则。随着环境改善需求的加剧，党和国家对生态文明思想发展的重视程度越来越高。从“向自然界开战”到环境保护思想，再到“五位一体”总布局、“美丽中国”战略思想，体现了生态环境改善需求对生态文明思想发展的要求。

中国特色社会主义生态文明思想的形成与人民群众的实践需求息息相关。近几年，由生态环境引发的群体性事件并不鲜见。生态环境保护是民生问题，人民的需求助推着生态文明思想的进一步深化。党在十六大中提出了全面建设小康社会的目标，将生态良好纳入到全面建设小康的重要内容；党的十七大报告中将民生单列一章；十八大提出“五位一体”总布局，之后生态文明的建设始终立足于改善民生。物质利益是民生最根本的利益。物质利益除与生产生活直接相关的吃、穿、住、用、行外，还包括生产生活的环境。改革开放后，我们顺利解决了温饱问题，实现了总体上的小康，正

---

① 张高丽：《推进生态文明，努力建设美丽中国》，《求是》2013 年第 25 期。

向全面小康迈进。人民群众的根本利益也由“求温饱”到“盼环保”转变。生态环境的发展是人民群众实现全面发展的基础，是“以人为本”发展理念实现的基础。习近平多次强调，建设生态文明关乎人民福祉，关乎民族兴衰，并从这个战略高度提出了“两个清醒认识”，即要清醒认识保护生态环境、治理环境污染的紧迫性和艰巨性，清醒认识加强生态文明建设的重要性和必要性。

第三章　中国特色社会主义生态文明思想的主要内容

中国特色社会主义生态文明是中国特色社会主义制度优势与生态文明建设普遍性相结合的产物。中国特色社会主义道路、理论、制度构成中国特色社会主义的三个基本方面，中国特色社会主义生态文明是生态文明道路、理论和制度的统一。中国特色社会主义生态文明思想是凝练生态文明理论的前提和基础。从新中国成立至今，中国特色社会主义生态文明思想随着生态文明建设实践不断向前发展，体现了中国共产党对人类文明发展的理性审视和高度自觉。

中国特色社会主义生态文明思想既包含党和国家领导全国各族人民进行生态文明建设实践经验的总结，又包含学者对古今中外环境保护经验、生态建设理念、文明发展历程等的总结和概括。因此，中国特色社会主义生态文明思想既具政治性，又具科学性；既具有现实指导性，又具有学术前瞻性。

一　生态文明建设的社会主义制度前提

以英国工业革命为开端的工业化是人类由农业文明走向工业文明，由传统走向现代的转折点。工业化不仅使生产力获得巨大提升，而且使社会政治、经济、文化，人的精神、生存方式发生了颠覆性变化。与此同时，人类也遭遇了工业文明带来的史无前例的矛盾与挫折。工业文明的进步激发了人类认识能力和实践能力的扩张。人类争相获取前所未有的创造物质财富和实现自我价值的机会，从而忽视了资源的有限性和环境的承载能力。面对工业文明为人类生存和发展带来的生态障碍，人类开启了探索新的文明形态的征程，以实现人与自然的和谐发展。这其中不乏对在社会主义制度下建设生态文明的探索。

（一）资本主义制度与生态文明的对立

生态问题最先出现在资本主义国家工业化过程中，因而资本主义国家也最先开始探索生态文明之路，并为人类社会迈入生态文明提供了物质基础和理论基础。然而，马克思恩格斯通过分析生态危机对资本主义生产方式的天然依附性，论证了资本主义国家难以实现生态文明的观点。马克思认为资本家对利润的无限追求，导致"资本主义生产方式以人对自然的支配为前提"①，以无限制地获取生产资料。这种对个体短期利益的追逐决定了资本主义的生产方式，"仅仅以取得劳动的最近的、最直接的效益为目的。那些只是在晚些时候才显现出来的、通过逐渐的重复和积累才产生效应的较远的结果，则完全被忽视了"②。生态环境问题便是被忽视的问题之一。

资本主义制度，尤其是资本主义国家工业文明是在不计资源、环境成本的基础上实现的。在资本主义工业化时期，人凌驾于自然界之上，通过对自然资源无限制地利用和对生态环境无限制地污染，使自然界完全成为被改造和征服的对象。资本主义社会还从剩余价值最大化出发，建立了狭隘的"人类中心主义"③ 价值观，将"经济理性"视为人类社会追求的唯一目标，从而忽视了

① ［德］马克思：《资本论》第1卷，人民出版社2004年版，第587页。

② 《马克思恩格斯选集》第4卷，人民出版社1995年版，第385页。

③ 实质上为"个人中心主义"价值观。前文已经论述过，本文认为"人类中心主义"的价值观与马克思主义实践观一致。本书批判的所谓的资本主义"人类中心主义"价值观，由于他们所指的"人类中心"仅仅包含个体、资产阶级集体或资本主义国家，其本质是一种"个人中心主义"价值观。

生态环境与人类社会的共生性，直接导致了人与自然关系的对立。在狭隘的“人类中心主义”价值观指导下，资本主义在物质文明建设上取得了巨大的进步，但是这种进步只能是局部进步，暂时进步。因为狭隘的“人类中心主义”价值观指导资本主义生产以牺牲生态环境为代价获取个人的、局部的、暂时的物质利益。这种反自然的价值观最终导致不断恶化的生态环境，从而影响人类社会的整体利益、根本利益，甚至毁掉人类创造的物质文明。因此，资本主义“经济理性”与“生态理性”天然对立。在狭隘的“人类中心主义”价值观指导下的生产实践，不可能从根本上解决人与自然的关系问题。

以资本主义社会生产方式为基础的狭隘的“人类中心主义”价值观显然与生态文明背道而驰。虽然西方国家生态环境随着国家物质财富的巨大增长、人民生活水平的大幅提升、公民政治意识的逐步提高而不断改善，为生态文明建设奠定了一定的基础，但是，资本主义“经济理性”与“生态理性”的根本对立决定了资本主义国家不可能为推进全球生态文明建设作出更大的贡献。“经济理性”促使它们通过经济的方式转移国内生态矛盾，改善本国生态环境。虽然资本主义的学者善于用经济的手段来解决问题，在生态环境的保护上也如此，但是“只有经济学家仍本末倒置地声称，越来越多的人类混乱可以通过正确的价格加以消除，事实是，只有我们的价值概念正确时价格才能如此”①。资本主义国家将生态环境问题外化，转移生态矛盾，将生态环境资源商品化的经济手段，对全社会生态环境的改善意义不大。

除了资本主义生产方式这一决定性制约因素外，资本主义还有着其他因素制约生态文明建设。从各国生态文明建设的实践看，生态环境的改善和保护受到资产阶级不同程度的阻挠。以美国为例，从20世纪六七十年代起，美国的环境保护运动就经常受到各种势

① 常庆欣：《市场估价的缺陷：劳动价值论的生态经济学含义》，《马克思主义研究》2010年第11期。

力的阻挠；90 年代后，反环境保护的势力联合资产阶级、政界及工人形成一股力量来与环境保护主义相抗衡。如“明智的利用”运动得到了木材、矿业以及石油等大的利益集团的支持，也得到了来自基层的小土地所有者、农场主的拥护。运动的组织者还联合起来与政界产生密切联系，阻挠环境法案批准，同时，他们还通过鼓吹创造就业机会，联合工人支持他们的行动。[①] 资本主义制度下，国家的职能是维护资产阶级的利益，如果国家强调生产过程的生态环境保护，势必影响资产阶级的经济利益。

（二）社会主义制度与生态文明的契合

针对资本主义社会的生态问题，恩格斯指出，实现人与自然和解的途径主要有二：一是要“一天天地学会更正确地理解自然规律，学会认识我们对自然界的习常过程所作的干预所引起的较近或较远的后果”[②]；二是要“对我们的直到目前为止的生产方式，以及同这种生产方式一起对我们的现今的整个社会制度实行完全的变革”[③]，因为只有“这种共产主义，作为完成了的自然主义 = 人道主义，而作为完成了的人道主义 = 自然主义，它是人和自然界之间、人和人之间矛盾的真正解决”[④]。生态问题产生的制度根源在于资本主义，解决生态问题的根本途径在于变革资本主义的生产方式。

我国在社会主义制度下对生态文明建设进行了有益探索。近年来，党和国家对生态文明建设的重视度日益提升。党的十七大明确将建设生态文明作为全面建设小康社会的奋斗目标。党的十七届四中全会提出全面推进社会主义经济建设、政治建设、文化建设、社会建设以及生态文明建设。生态文明建设成为社会主义事业的重要组成部分，并同经济、政治、文化、社会建设共同支撑社会全面进

---

① 侯文蕙：《20 世纪 90 年代的美国环境保护运动和环境保护主义》，《世界历史》2000 年第 6 期。

② 《马克思恩格斯选集》第 4 卷，人民出版社 1995 年版，第 384 页。

③ 同上书，第 385 页。

④ ［德］马克思：《1844 年经济学哲学手稿》，人民出版社 2000 年版，第 81 页。

步。党的十八大将生态文明作为“五位一体”社会主义事业总布局的重要内容单列论述，并提出“美丽中国”的战略构想。人类文明正处于工业文明向生态文明过渡的新时期，我国正处于生态文明的前夜，这不仅预示着中国特色社会主义建设进入到一个全新的历史阶段，而且还预示着社会主义国家在人类生态文明建设的新阶段将担当重要的国际责任和历史任务。

社会主义制度与生态文明在理论上相契合，但并不是社会主义国家就没有生态问题。在建设社会主义生态文明的过程中，一定要消除确立社会主义制度就能实现生态文明的认识误区。我们正处于社会主义生态文明建设时期，生态文明的实现还有很漫长的路要走。究其原因，主要有二：一是，我国脱胎于半殖民地半封建社会，带有很严重的旧社会的痕迹。由于生产力水平低下，社会主义市场经济体制的合理存在，私有制经济在我国还将长期存在，因此，少数忽视生态利益的企业行为也将长期存在。二是，我国正处于社会的转型期，生产方式由粗放型向集约型转变，部分经济落后地区的发展还停留在依靠资源和环境发展经济的阶段，更有地方深陷贫穷—依赖生态环境实现经济增长—生态环境恶化—更加贫困的恶性循环中。三是，生态文明的建设必须以工业文明建设的成果为基础，而我国工业文明建设的任务尚未完成，生态化生产方式和生活方式难以形成。四是，人与自然、人与人之间关系的双重和解依赖于人类社会生产方式的整体变革。

社会主义制度在我国虽早已确立，但我国还将长期处于社会主义初级阶段。我国现存的物质技术基础和生产力水平还比较低，社会主义尚未建成，努力解放和发展生产力是现阶段我国面临的主要任务。“文化大革命”结束后，邓小平回答了“什么是社会主义，怎样建设社会主义”的命题。他提出：“社会主义的本质，是解放生产力，发展生产力，消灭剥削，消除两极分化，最终达到共同富裕。”① 基于邓小平对社会主义本质的科学认识，我国将把“以经

① 《邓小平文选》第3卷，人民出版社1993年版，第373页。

济建设为中心”作为社会主义初级阶段基本路线的中心内容。改革开放三十多年来，我国社会主义建设取得了举世瞩目的成绩，经济、政治、文化和社会发展获得巨大成就。同时，党中央也清醒地认识到生态环境问题已成为社会主义生产力发展的巨大阻力。习近平总书记提出了“保护生态环境就是保护生产力，改善生态环境就是发展生产力”的生态经济观，破解了生产力发展与环境保护的“两难”悖论。生态环境为生产力的发展提供生态基础，生态环境状况良好，生产力发展就快，社会主义的本质和社会主义制度的优越性就能得到体现；反之，生态环境越差，生产力发展受阻，社会主义本质和社会主义制度的优越性就难于体现。生态环境问题是发展中出现的问题，发展中出现的问题只能用发展的方法来解决。停滞发展解决生态问题是生态文明建设误区。当前，我国只有努力发展生产力，逐渐消除旧社会的痕迹，并消除资本主义形式的生产和工业化对生态环境的影响，才能从根源上消除生态危机。

（三）苏联社会主义生态问题的实质

苏联从成立之初就采取了严格的措施保护环境，确保生态资源的合理利用。政府在提升环境保护理念、完善环境保护法律、强化环境保护意识等多方面作出了努力，并对环境问题展开了科学研究。然而苏联政府的努力与苏联生态环境出现的问题却形成了强烈反差。1989 年 2 月《关于苏联全国生态环境的报告》显示，苏联许多城市、工业中心和区域，生态问题非常严重，氨气、一氧化碳、甲醛等含量超标造成空气污染；化工业、石化业、采矿业等的增加使污水成分更加恶化，如贝加尔湖、波罗的海、里海等内海湖泊出现水面萎缩和严重污染；土地天然肥力下降、土壤退化，1. 57 亿公顷的土地全部盐碱化。最为严重的是切尔诺贝利事故中 4 号反应堆发生严重泄漏及爆炸事故，致使 1650 万平方千米的土地被辐射。

马克思恩格斯指出，变革资本主义生产方式是解决生态问题的最终途径。然而，苏联的情况似乎背离了他们的愿望。主要原因有：第一，从苏联的发展模式看，虽然它不以获取剩余价值为根本目标，但是领导人始终认为国家经济实力的强盛和人民生活水平的提高是巩固政党地位之根本。苏联的社会发展，因强调经济决定一切而忽视了社会的协调发展，保护环境的理念也始终让位于经济增长的目标。这正如生态学马克思主义者高兹所言，苏联社会主义奉行的是“经济理性”，而不是“生态理性”。只要是受制于“经济理性”，无论是市场调节还是计划调节，都不是真正的社会主义，都不可能产生“生态理性”。第二，从苏联的经济体制看，苏联实行的是高度集中的计划经济体制，全部的自然资源都归国家所有，国家通过指令性计划来调拨资源。从对企业的考核和管理看，国家主要统计企业产品的完成量。对于企业而言，如何完成产量是最重要的，而通过花费多少资源、人力，排放多少废弃物则不在它们的考虑范围内。因此，苏联模式的一个突出特点就是经济增长在高投入、高消耗、低效益的情况下实现。第三，从苏联的产业结构看，苏联长期强调发展耗能多、污染重的重工业。1978 年后，重工业比例高达 74%。加上苏联为应付“冷战”思维下的军备竞赛，超常规开采和使用自然资源，忽视对生态环境的保护和治理，导致苏联这种粗放型的经济增长方式最终因生态环境问题的制约而走向死胡同。可以说，苏联虽然是社会主义国家，但在实施生态保护这一点上，几乎与资本主义国家无异。因为，苏联的公有制只考虑到生产和消费的计划，从未考虑到自然资源的有计划使用和对环境污染问题的有效管理。苏联仅仅追求经济增长目标，即使是社会主义性质的国家，仍然跟资本主义“经济理性”雷同。

二　中国共产党执政理念中的生态维度

中国共产党提出生态文明建设目标经历了长期的酝酿。从第一代党的中央领导集体生态意识的觉醒，到第二代党的中央领导集体将环境保护作为一项基本国策，党的第三代领导集体对可持续发展理论的探索与实践，世纪之初以“以人为本”为核心的科学发展观关注人与自然关系的平衡，再到以习近平为核心的党中央将生态文明落实到全面建成小康社会的目标中，体现了新中国成立以来，党的历代领导人执政理念中惯有的生态维度。

（一）“以人为本”的生态维度

“以人为本”是科学发展观的核心。它以历史唯物主义为基点，认为人既是实践的主体，又是实践的最终归属。“以人为本”的生态维度表现为：在自然观上强调以人与自然的和谐发展支持人类社会的可持续发展；在方法论上强调人发挥主体能动性，掌握生态自觉的规律，实现人与自然的主动和谐。

1. “以人为本”的发展理念

发展问题始终是马克思主义发展史上研究的重大问题。中国共产党历来重视发展，将发展作为党执政兴国的第一要务。一个国家坚持什么样的发展观，对这个国家的发展会产生重大影响，不同的发展观往往会导致不同的发展结果。进入21世纪以来，我国社会发展面临着片面发展、不协调、不可持续的深层次问题，党中央着眼于探索发展规律，把握发展方向，解决发展的实际问题，提出科学发展观。2003年10月14日，在党的十六届三中全会上，胡锦涛在《中共中央关于完善社会主义市场经济体制若干重大问题的决定》中，对科学发展观的内涵作了明确的揭示，即：“坚持以人为本，树立全面、协调、可持续的发展观，促进经济社会和人的全面发展。”

人是社会历史发展的主体，社会发展的终极目标是实现人的自由而全面发展，这是唯物史观的基本观点。在建设社会主义的历程中，我们重视人的主体力量的发挥，但对发展的目的和归属有所忽视。面对改革开放和社会主义建设中出现的发展问题，中国共产党明确了“以人为本”的发展理念。“以人为本”突破了单纯追逐经济增长的传统发展观，把发展理解为社会的全面进步，并强调发展的主体是人，发展的目的和最终归属也是人。

马克思人的本质理论强调人是一切社会关系的总和。人既是现实的、具体的个人，又是相互依存的整体。“以人为本”不仅要以实现个人的发展为目标，还要以实现人民群众的整体利益和长远利益为目标。在人与自然的关系中，坚持“以人为本”就是要坚持以人类整体、长远的生态利益为目标，为人的自由而全面发展的终极价值目标的实现提供可持续发展的生态环境。因此，生态文明建设功在当代，利在千秋。习近平多次强调生态文明建设关乎人民福祉、关乎民族兴衰，是实现“以人为本”的基础。

2. 科学理性的人类中心主义价值观

在纠正西方工业文明时期狭隘的人类中心主义价值观时，出现了矫枉过正的生态中心主义价值观。生态中心主义运用伦理学逻辑，将生态视为与人类平等的自然界成员，并赋予它们主体价值。马克思主义实践论认为，只有人才能成为实践主体，才具备主体价值。生态中心主义虽不符合马克思主义的实践观，但它通过提升自然生态的地位，强调自然生态对人类发展的重要性，具有重要的思想价值。

将自然生态置于人的对立面是狭隘的人类中心主义，实则是个人中心主义。生态中心主义又矫枉过正，忽略了社会发展的意义，使人丧失了主体地位。解决人与自然和谐相处的关键在于树立科学、理性的人类中心主义价值观。唯物史观视域下的人类中心主义与发达国家工业化时期的狭隘的人类中心主义截然不同。唯物史观视域下的人类中心主义是科学、理性的。首先，它以人类的长远利益和整体利益为目标，不同于狭隘的人类中心主义将发展的眼界局限于阶级、国家或地区的短期利益、经济利益。其次，它强调人是社会历史的主体，也是社会历史发展的目的和归属。在自然观上，强调人与自然和谐相处的最终目的在于实现人类社会的可持续发展。

“以人为本”作为科学发展观的核心，蕴含着科学、理性的人类中心主义价值观，是超越于狭隘的人类中心主义和生态中心主义的全新价值观。科学发展的内涵包括保持经济的理性增长，并全力提高经济增长的质量；调控人口数量，提高人口质量，始终以“以人为本”为人发展的终极价值目标；保护并扩大自然资源基础，调控自然环境与社会发展的平衡，始终以人与自然的可持续发展为目标；依靠科技突破发展瓶颈等。这些内容不仅从正面强调了人与自然可持续发展，而且从经济增长方式的转变、实现人的全面发展、依靠科技求发展等侧面关注了人类、社会、自然共同发展的整体性。因此，“以人为本”为核心的科学发展观关注人类的整体利益和长远利益，体现了科学、理性的人类中心主义价值观。

（二）可持续发展的价值理念

培育生态文明意识是生态文明建设的重要内容。生态文明意识体现了生态自觉，助推生态文明建设的实践。在中国特色社会主义生态文明建设实践中，我国形成了以可持续发展理念为核心的生态价值观。可持续发展的生态价值观不仅要求我们将尊重自然、实现自然的可持续发展作为生态文明建设的本质要求，而且要坚持生态文明建设为了人民，生态文明建设依靠人民的唯物史观，把“以人为本”，可持续地满足人民群众日益增长的生态需求作为生态文明建设的出发点和落脚点。

1. 可持续发展内涵的科学发展

马克思、恩格斯在《共产党宣言》中为人类描绘了一个自由而全面发展的未来社会。自由而全面发展是人类追求的最高价值，是坚持人是社会历史主体的唯物史观的必然结果。人类提出可持续发展理念，根本目的是通过构建人与自然的和谐关系，实现人类永续发展，最终实现人的自由而全面发展。

（1）可持续发展概念的提出

1987 年，世界环境与发展委员会在《我们共同的未来》中将“可持续发展”定义为：“社会发展既要满足当代人的需要又要考虑后代人满足自身的需要。”1992 年，这一定义被世界银行《世界发展报告》补充为“满足这代人，尤其是穷人的需要，实际上持续地满足今后几代人的需要的问题”。江泽民对可持续发展的内涵作了中国式的阐述。他指出“可持续发展，就是既要考虑当前发展的需要，又要考虑未来发展的需要，不要以牺牲后代人的利益为代价来满足当代人的利益"①。

可持续发展的概念至少包括三层含义：第一，可持续发展不仅仅是经济的可持续发展，还包括政治、文化、生态等多方面的可持续发展；第二，可持续发展要考虑到地区间的平衡、协调发展，不能以一部分地区的牺牲换取另一部分地区的发展；第三，可持续发展要注重两个公平，即代内公平和代际公平。代内公平指打破人与自然的共生系统中，资源由某个人或某个组织独占和独享的局面，使资源的利益交换和分享相对平衡。代际公平指要做到既不能因为过分注重现在的发展而危及未来的美好图景，又不能因为过分顾及未来的发展而压抑、牺牲当前的正常需求。

（2）可持续发展概念的科学阐释

我国引入可持续发展理念的历史并不长，对可持续发展理念的认识也经历了从单纯关注维持经济增长与环境保护之间的平衡关系，到关注社会的整体发展。当前，可持续发展已由改善环境的准则演变为全面建设小康社会的重要战略。在构建可持续发展的生态价值观的过程中，我国形成了社会结构协调发展、地区间平衡发展、代际公平等原则。

第一，社会结构协调发展。社会发展与生态发展是相互影响、相互依赖的。生态环境为社会发展提供生态基础，社会发展为生态环境的保护和改善提供物质条件。因此，实现可持续发展首先要纠正对可持续发展的片面理解，树立可持续发展是经济、政治、文化、社会和生态可持续发展的观念。其次，要将可持续发展的原则贯穿到经济、政治、文化、社会和生态的各个方面，通过系统的发展来实现各个方面的协调发展、共同发展。党的十八大提出，要把生态文明建设放在突出地位，融入经济建设、政治建设、文化建设、社会建设各方面和全过程。

第二，地区间平衡发展。可持续发展要考虑地区间的平衡、协

① 《江泽民文选》第1卷，人民出版社2006年版，第518页。

调发展，不能以一些地区的牺牲换取另一些地区的发展。从国内情况看，东部地区经济和生态的发展状况都好于中西部地区。我国依据可持续发展的原则，对各个区域作主体功能的划分，充分发挥各主体功能区的优势，使中西部地区脱离贫困——依靠资源环境发展经济——生态环境承载能力下降——经济发展受阻——更加贫困的恶性循环；使东部地区更好地利用资源、环境的承载能力发展经济。

地区间的平衡发展还包含着生态发展的国际平衡。我国是制造大国，但不是制造强国；是贸易大国，但不是贸易强国。在国际分工中，我国处于产业链低端，主要靠生产资源密集型、劳动密集型产品实现经济增长。在国际政治经济旧秩序依然存在的前提下，发达国家在工业升级的过程中有意识地将污染严重的“夕阳产业”向发展中国家转移，并向发展中国家输出垃圾，严重影响我国地区生态环境的可持续发展。因此，可持续发展不仅是地区间生态平衡发展的问题，它还可以成为国际政治问题。

第三，代际公平。对于代际公平的实现，不同学科的学者提出了不同的方案。经济学家厉以宁教授用规范分析的方法，从资源的有限性入手，较全面地考察过资源分配的效率与公平问题，提出按效益分配可以促进生产要素质量的提高，并体现公平竞争的机会。[①] 生态环境和资源是有限的生产要素，把生态效益作为分配的依据，有利于体现生态环境和自然资源使用的效率和公平，使这一代人有更大的机会将更多的生态环境、自然资源留给后代。还有学者以罗尔斯的正义论、公共信托理论为依据，提出了将代际公平原则法律化的途径，包括：将可持续发展的价值观树立为基本的法律价值基础；创设监护人或代表制度，为未来世代利益选取代表，并使其有机会利用司法程序进行诉讼；设立环境资源保留制度；形成若干法律规则，转变当代公民的价值观念，形成与后代休戚与共的新意

① 厉以宁：《经济学的伦理问题——效率与公平》，《经济学动态》1996 年第 7 期。

识。① 哲学研究者从宏观层面指出实现代际公平的根本前提是代内公平，树立代际公平的消费观是重要环节，确立合适的代际储存是必要手段，坚持代际创造是重要措施等。

2. 人口、经济同生态环境的协调发展

马克思恩格斯将人、自然、社会看作复杂的整体。他们认为人类社会是自然界长期发展的产物，是整个自然界发展的高级阶段。旧唯物主义者由于缺乏实践观，认为社会是个体的机械组合和社会生活条件的简单相加。马克思主义则认为社会是由人通过实践活动构筑起来的，由人和一切社会生活条件构成的相互联系、相互依存、相互制约的有机整体。这一有机整体是包含生产力和生产关系、经济基础和上层建筑及其他一切社会要素的综合范畴，还包含生产力和生产关系、经济基础和上层建筑的对立统一及由其矛盾产生的社会推动力。因此，社会这一有机组织是一个既有静态的关联性，又有动态复杂性的高级系统。

我国在社会主义生态文明建设中运用了马克思主义的社会结构理论。社会主义生态文明建设以科学发展观为指导。"以人为本"是科学发展观的核心，体现了社会这一整体发展系统的目的性。最大限度地实现人类的可持续发展，是我国社会主义生态文明建设的归宿。"全面协调可持续"是科学发展观的基本要求，体现了社会这一整体发展系统的整体性、关联性、自组织性和动态复杂性等。因此，在社会主义生态文明建设的过程中，我们不能将生态问题理解为单纯的技术问题或环境发展问题。科学发展观指导下的社会主义生态文明建设，将"以人为本"的宗旨贯穿于保护生态环境——促进人与自然协调发展——推进人的自由而全面发展的始终；实现物质文明、精神文明、政治文明、社会文明和生态文明的整体发展；彻底改变全人类生产方式、伦理模式及全球秩序。

在人与自然的关系上，以毛泽东为核心的党的第一代中央领导

---

① 朱小静：《代际公平的理论依据及其法律化之途径》，《环境与可持续发展》2008 年第 4 期。

集体形成了人与自然主客体相间的思想，重视利用自然规律治理大自然。改革开放后，党的几代领导人始终将人口与资源、环境放在经济社会发展的全局中统筹考虑。第一，人口与生态环境有着密切的联系。人口多，耕地少是我国的基本国情。人口增长过快，给自然生态带来承载压力，甚至危及人的可持续发展。计划生育是我国的基本国策，要通过计划生育工作的有效性来提高生态环境的质量。第二，社会经济发展与生态环境密切相关。生产力有三要素，劳动力、劳动工具和劳动对象，三者直接或间接来源于自然界，受生态环境的影响。习近平提出保护生态环境就是保护生产力，改善生态环境就是发展生产力的理念。第三，人口、经济和生态环境可相互协调，相得益彰。在发展道路上，几代领导人都强调不能走发达国家“先污染，后治理”的老路，在实践中探索新型工业化道路，发展循环经济，建设两型社会，倡导绿色生活方式，实现工业文明和生态文明的良性互动。

（三）“绿色化”的价值取向

党的十八大以来，生态文明建设在治国理政中的地位日益提升。我国对生态文明建设作了顶层设计和整体谋划。中共中央、国务院《关于加快推进生态文明建设的意见》提出“协同推进新型工业化、城镇化、信息化、农业现代化和绿色化”，将十八大报告提出的促进工业化、信息化、城镇化、农业现代化“四化”同步发展拓展为“五化”。“绿色化”将成为我国社会发展的重要价值取向。

“绿色化”是指生产方式和生活方式的绿色化。首先，通过构建科技含量高、资源消耗低、环境污染少的产业结构，加快推动生产方式的绿色化，以降低发展的资源环境代价，缓解经济发展与资源环境间的矛盾。其次，通过鼓励公众积极参与生态文明建设事业，培育绿色生活方式，提高全民生态文明意识。《关于加快推进生态文明建设的意见》指出了提高生态文明意识对实现生活方式绿色化的意义，并提出使生态文明成为社会主义核心价值观的重要内容。全社会要通过各种教育途径，引导公民树立生态文明意识；挖掘传统文化中的优秀生态文化资源，满足广大人民群众对生态文化的需要；通过环境保护的主题宣传，调动全民参与生态文明建设的积极性；充分发挥媒体作用，引导社会形成理性、积极的生态文明建设氛围等。

因此，“绿色化”不仅指生产方式和生活方式的转变，而且包括公民生态文明意识的提升。积极的生态文明意识对生态文明建设有良好的促进作用，能为生态文明建设注入智力支持和精神动力。我国的生产方式和生活方式正处于由粗放型向集约型的转变过程中，对粗放型生产、生活方式进行全面、深刻的变革是必然的。树立绿色生产、绿色生活的意识尤为重要。这关系到生态文明建设理念是否内化于心、外化于行。

三　推进生态文明建设的国家发展战略

党在十八大提出了全面建成小康社会的重要目标。全面建成小康社会是实现中华民族伟大复兴中国梦的关键一步，也事关人民群众美好生活新期待的实现。全面建成小康社会的核心在全面。它覆盖了经济建设、政治建设、文化建设、社会建设、生态建设和党的建设等各个方面。社会主义事业“五位一体”的总布局为全面建成小康社会架设了基本框架，体现了社会主义建设的全局性和统摄性。“美丽中国”是生态文明建设的目标，是全面建成小康社会的动人图景。

（一）“五位一体”总布局

改革开放后，党和国家将工作重心转向经济建设。随着物质条件的好转，党和国家提出物质文明和精神文明“两手抓两手都要硬”的思想。之后，依据马克思主义的社会结构理论和中国社会发展的现实，将政治文明、社会文明建设作为文明发展的重要内容。随着生态环境问题的出现和人类文明的过渡，生态文明建设的重要性和紧迫性日益突出，党从社会主义事业“五位一体”总布局的高度论述了生态文明建设的重要性。

1. “五位一体”总体布局思路的思想基础

唯物史观认为整个社会系统是由生产力、生产关系、经济基础、上层建筑等基本要素构成的具有复杂结构的有机整体。这些基本要素以生产力的决定作用为前提，相互联系、相互作用，推动整个社会有机体的运动、变化和发展。生产力是人与自然关系的体现，生产关系是人们在改造自然中形成的人与人之间的关系。人与自然的关系决定着人与人之间的关系。由此可见，马克思恩格斯把人与自然的关系纳入社会历史范畴，并作为社会历史的现实基础。他们还将自然界同社会发展的历史过程连接起来，认为人与自然的关系影响乃至决定着社会历史的进程。

传统的马克思主义社会结构理论以劳动为核心概念，与之直接相关的是生产力和生产关系两个范畴，由此构成的社会结构主要包括经济、政治和文化，社会和生态只是潜藏于其中。与之相对应，马克思主义直接研究的文明思想只包含物质文明、精神文明和政治文明。经典作家对社会文明和生态文明也没有直接的表述。“五位一体”总布局思想的形成过程表明，中国特色社会主义事业不仅包含了政治、经济、文化、社会和生态建设等要素的有机构成，而且包含了物质文明、精神文明、政治文明、社会文明和生态文明等形态的有机组合。生态文明建设是社会主义建设的重要部分，是社会主义社会发展的现实基础。生态文明成为我国社会“五位一体”建设的重要环节，是我党对社会主义现代化建设战略任务认识的飞跃，是对共产党执政规律、社会主义建设规律和人类社会发展规律认识的深化，体现了中国共产党与时俱进的理论自觉和不断创新的时代精神。

日益恶化的生态环境是我国建设社会主义生态文明的现实动机，在“五位一体”社会主义事业总体布局的框架下，我国强调物质文明、精神文明、政治文明、社会文明和生态文明五个文明建设，使它们共同成为社会主义的文明结构的有机组成部分。胡锦涛在党的十八大报告中强调，全面落实经济建设、政治建设、文化建设、社会建设、生态文明建设“五位一体”总体布局，促进现代化建设各方面相协调，促进生产关系与生产力、上层建筑与经济基础相协调，不断开拓生产发展、生活富裕、生态良好的文明发展道路。

2. “五个文明”的相融共进

事物之间以及事物内部各要素之间是相互联系的，这些联系形成各个小的系统；各个小的系统及各个要素之间的相互联系，将整个世界构成密不可分的统一整体。马克思主义的创立和发展与整体、系统等范畴密不可分。恩格斯明确提出过：“我们所面对着的整个自然界形成一个体系，即各种物体相互联系的总体。”① 人类社会这一整体包括自然界、社会和思维，以及它们的历史、现实和未来。体现在人类文明的发展上，马克思主义的文明观是一种整体文明观。马克思主义整体文明观认为，文明是一个有机整体和各种要素所构成的严密系统，是人类创造的有利于社会进步的各种积极成果的总和。物质、精神、政治、社会、生态等各子系统在整体文明系统中具有自身独特的价值功能，对社会发展和社会和谐都起着重要作用。生态环境对人的全面发展和社会的全面进步起着十分重要的作用。人对自然的态度以及人与自然的和谐关系通过生态文明表现出来。

马克思主义的整体文明观要求从整体上把握生态文明，而不仅仅只关注自然生态的保护。“人化自然”使生态环境融入人类社会，自然、人、社会形成复合形态。因此，生态发展是各种因素相互制约、协调的结果。如果离开经济、政治、文化、社会孤立地谈生态文明，人与自然和谐发展的目标难以实现。建设社会主义生态文明要求在重视环境资源保护的同时，树立全局观念、立足社会的整体发展、统筹全局，实现社会整体发展的最优目标。从这个意义上说，中国特色社会主义生态文明建设是经济、政治、文化、社会和生态等各个方面互相促进的过程，体现了物质文明、政治文明、精神文明、社会文明、生态文明的共同发展。

---

① 《马克思恩格斯全集》第20卷，人民出版社1971年版，第409页。

历史唯物主义认为人是社会历史发展的主体，指出："历史不过是追求着自己目的的人的活动而已。"① 人在处理与外界关系时，人是主体，其他为客体。人作为主体在实践活动中与客体形成作用与反作用、影响与被影响的关系，并形成物质文明、精神文明、政治文明、社会文明和生态文明的成果。五种文明在文明结构中互为前提，并相互影响、相互制约、相互作用，形成社会文明结构体系。其中物质文明为五个文明系统提供物质条件、物质动力；政治文明提供政治保证、制度支持和法律保障；精神文明提供思想保证、精神动力和智力支持；社会文明提供社会秩序基础、社会发展保障和社会组织支持；生态文明提供生态基础、环境条件和丰富的自然资源。在"五位一体"总布局中，"五个文明"建设不是并列的关系，生态文明建设融入和贯穿其他四个建设的全过程和各个方面。"五个文明"的共融，是对人类社会发展趋势的正确回应，是我们党执政理念的又一次升华。只有实现"五位一体"的协同推进和全面发展，构建社会主义和谐社会，正确处理中国特色社会主义现代化过程中出现的各种矛盾和问题，才能走上生产发展、生活富裕、生态良好的中国特色社会主义文明发展道路。

3. 不同历史阶段文明发展的重点

资本主义国家工业化利用资源环境优势，走了一条"先污染、后治理"的道路。苏联的工业化过分强调重工业和基础设施建设，对生态环境造成了相当大的污染。中国特色社会主义既要完成工业化，实现生态文明，又要走出一条不同于资本主义国家工业化的道路，还要避免苏联工业化模式的弊端。毛泽东在 1956 年《论十大关系》的讲话中，指出了苏联轻重工业失衡的弊端，决心走出一条适合中国国情的工业化道路。

当前，发展生产力、完成工业化是社会主义现代化建设的第一要务，是社会主义本质的体现，也是整个文明体系发展的基础。但在现阶段，我国同时面临经济增长与生态环境保护的矛盾，一方

① 《马克思恩格斯文集》第 1 卷，人民出版社 2009 年版，第 295 页。

面，经济增长、完成工业化是文明形态更替的前提，是支撑生态文明建设的基础；另一方面，生态环境的破坏具有不可逆转的趋势，甚至影响到经济的增长。由于传统的工业化道路是一条重物质、轻精神，重经济、轻生态的道路，而这条道路不适合我国社会主义初级阶段的基本国情，尤其不适合我国目前的环境资源状况和工业文明建设的现状。自改革开放后，我国强调以经济建设为中心，并逐步形成"两手抓两手都要硬"，"三位一体"、"四位一体"再到"五位一体"的布局，一方面表明在发展思路上由强调经济增长转变为全面协调可持续发展；另一方面，在发展的重点上，各个阶段的侧重有所不同。从文明结构的协调看，当前我国面临着工业文明和生态文明的双重任务，形成两者的良性互动，互相支撑的局面，是实现两大文明目标实现的关键；从文明形态看，社会主义生态文明是高于工业文明的文明形态，社会主义生态文明的建设必然包含着工业文明的实现。

4. 文明结构论与文明形态论的统一

生态文明有广义和狭义之分。狭义的生态文明从马克思主义社会结构理论出发，将生态文明视为构成人类社会文明结构的重要组成部分。马克思主义社会结构理论将社会看作是以人类实践为基础，以生产力和生产关系、经济基础与上层建筑为主要结构的，具备自我更新、自我发展能力的有机体。认为生态文明是社会文明结构的组成部分的观点，是将马克思主义社会结构理论中的要素分解为物质文明、精神文明、政治文明、社会文明和生态文明五大相互依存、共同发展的文明系统。广义的生态文明是人类在历经农业文明，特别是工业文明之后，为了克服在改造客观物质世界中的负效应，积极改善和优化人与自然、人与人之间的关系，建设有序的生态环境所取得的物质、精神、制度方面成果的总和，是一种新的文明形态。[①] 就其历史方位而言，生态文明是人类理性发展的最新层

① 钟远平、郭晓林：《生态文明的社会发展导向探析》，《学校党建与思想教育》2011 年第 2 期。

次。目前，人类文明正处于从工业文明向生态文明过渡的阶段。

生态文明是一种新型的人类文明形态，这一文明形态以生态化的社会化大生产为基础，与以往人类社会经历的原始文明、农业文明、工业文明不仅在生产方式上有区别，而且在生活方式、发展目标、人类合作方式、社会意识等方面存在本质差异。生态文明标志着人类文明的总体进步。狭义的生态文明指社会结构的重要组成部分，是对文明的横向理解；广义的生态文明是人类文明的形态，是对文明的纵向理解。作为社会结构重要组成部分的生态文明是实现作为人类文明形态的生态文明的基础，而作为社会形态的生态文明一旦实现则包含着更高层次的作为社会结构重要组成部分的生态文明。

中国共产党提出“五位一体”的社会主义事业总布局，十八大报告将生态文明建设作为全面建成小康社会的重要目标提出，强调作为社会结构的生态文明是社会发展的重要方面。中国共产党提出的新型工业化道路、全面协调可持续的科学发展观、建设社会主义和谐社会、建设两型社会等都包含着党对整个社会转型发展的深入认识，体现了对人类文明发展一般道路的反思及对适合中国国情的文明发展道路的探索。因此，我国社会主义生态文明建设，既包含对社会结构中生态发展的重要实践，又包含着在工业文明尚未实现的情况下，对生态文明这一新型社会形态的探索，还包括在生产方式、行为意识、制度规范等各个方面的转型。现阶段，我国将作为社会结构的生态文明和作为社会形态的生态文明统一起来，使生态发展的目标成为生态文明社会形态实现的基础，而生态文明形态一旦实现，生态发展状态和目标将进入到更高层次。

（二）“美丽中国”战略构想

党的十八大报告首次以大体量的单篇论述生态文明建设。“美丽中国”是党在十八大报告中提出的生态文明建设的构想和目标。在生态环境问题层出不穷，生态文明建设事关人民群众生存质量之时，党和国家用“美丽中国”这一大众化的话语将国家发展战略同人民的福祉、人类的永续发展一道提到重要的位置，表达了党和国家生态文明建设的决心及增进人民福祉的愿望。

1. “美丽中国”的多重维度

党在十八大报告中强调把生态文明建设放在突出地位，努力建设“美丽中国”，实现中华民族永续发展。在全面建成小康社会的历史新起点上，“美丽中国”描绘了生态文明建设的远景蓝图，对生态文明建设提出了多维度的要求。

第一，以人与自然的协调发展为基本特征

“美丽中国”首先表现为自然之美。人与自然关系的和谐是自然之美的内因。人与自然的关系由和谐走向不和谐，再到人主动构建和谐，体现了人与自然关系否定之否定的辩证规律。马克思认为，建立在生产力高度发达，各国高度联系基础上的共产主义是人和自然界、人和人之间矛盾得以真正解决的制度前提，因此生态文明表现为人类文明的共享。当前，人类文明正处于工业文明向生态文明过渡的历史时期。我国处于社会主义初级阶段，同时面临着工业化和建设生态文明的历史任务。在现阶段，我国虽离共产主义的实现很遥远，但在现有条件下，也具备了主动构建人与自然和谐关系的条件。

首先，人类社会有自觉构建人与自然和谐关系的主观能动性。发挥人的主观能动性是实现人类社会发展的前提。学者们从调节人的活动出发，构建人与自然的和谐关系，如英国经济学家马尔萨斯提出通过抑制人口的增长改善人口与食物间的不平衡；亚当·斯密和大卫·李嘉图认为经济的持续增长将由于日益削弱的资源基础的制约而变为不可能；绿色理论家将生态环境问题的出现和解决归因于科学技术；等等。在新的科技革命时代，“生态文明”低投入、低排放、高效益的核心理念已被世人认同。在社会主义初级阶段，我国要处理经济增长与生态环境保护之间的矛盾，既要金山也要青山。经济增长不能建立在牺牲生态环境代价的基础上，因此要摒弃粗放型经济增长方式，按照习近平指出的经济社会生态效益相统一的原则，构建人与自然的和谐关系。

其次，科学技术是构建人与自然和谐关系的有力武器。新中国成立以来，毛泽东通过兴修水利，防治水患，发展林业等生态保护的具体措施，改善人与自然的关系。改革开放以来，党的几代中央领导集体重视科学技术在生态文明建设中的作用。邓小平继承并发展了马克思"科学技术是第一生产力的思想"，并指出科学技术在生态环境发展中的重要作用。他说："马克思讲过科学技术是生产力，这是非常正确的，现在看来这样说可能不够，恐怕是第一生产力。将来农业问题的出路，最终要由生物工程来解决，要靠尖端技术。对科学技术的重要性要充分认识。"① 邓小平在谈到与生态息息相关的农业时，提出"农业的发展一靠政策，二靠科学。科学技术的发展和作用是无穷无尽的"②。邓小平还认识到能源问题的科技前景。1983 年，他在同胡耀邦等人谈话时强调："解决农村能源，保护生态环境等等，都要靠科学。"③

第二，以人与社会的和谐发展为总体目标

生态问题是民生问题，民生是最大的政治。改革开放三十多年的快速发展，人民的衣食住行条件得到了极大提升，对良好自然环境的追求进入民生视野。"美丽中国"建设必须作为重大民生实事紧紧抓在手上。2013 年 11 月 15 日，习近平在对《中共中央关于全面深化改革若干重大问题的决定》作说明时指出："山水林田湖是一个生命共同体，人的命脉在田，田的命脉在水，水的命脉在山，山的命脉在土，土的命脉在树。"

"美丽中国"是每一名中国人的期待，也是每一名中国人的责任。"美丽中国"不仅包括物质文明成果的积累，青山绿水的回归，而且包括政治、文化、社会的全方位进步及内部和谐的状态。政治、文化和社会的和谐与每一位公民文明意识的进步，文明制度的遵守息息相关。公民建设"美丽中国"的意识和态度又与自身利益和愿望实现密切相关。建设的成果能否共享，个人利益是否落

---

① 《邓小平文选》第 3 卷，人民出版社 1993 年版，第 275 页。

② 同上书，第 17 页。

③ 《邓小平年谱》下册，中央文献出版社 2004 年版，第 882 页。

实，个体愿望是否得到尊重是“美丽中国”建设的根本动力。因此，“美丽中国”建设是民生问题，既需要解决每一位公民的民生问题，又需要激励公民投身于建设中。习近平总书记提出青山绿水就是金山银山，有了“美丽中国”的民生后盾，经济社会的进步才能更好地实现。

第三，以文明形态的整体提升为内在动力

党的十八大在全面建成小康社会的历史时期，在“五位一体”总布局下提出“美丽中国”战略。首先，“美丽中国”是一种良好的社会状态。“一个强大而幸福的现代化中国，不但需要富强的经济基础和综合国力，而且也需要公平的社会秩序和优美的生活环境，其完整的概念含义应该是：‘富强中国’加‘民主（正义）中国’加‘文化（明）中国’加‘美丽中国’。”[①] 因此，“美丽中国”不只是生态文明建设，而且是指以生态文明建设为根本途径，通过建设资源节约型、环境友好型社会，达到生产发展、生态良好、社会和谐、人民幸福的一种社会状态。其次，“美丽中国”是生态文明建设的价值目标。生态兴则文明兴，生态衰则文明衰。良好的生态是人类文明进步的重要基础，是人类文明整体推进的重要目标。生态文明建设是途径，“美丽中国”是目标，生态文明建设就是要打造适合人需求的“美丽中国”环境。

2. 生态文明与“美丽中国”

生态文明是继工业文明后新的文明形态，体现着人与自然、人与人之间关系的双重和解。党在十八大后强调“五位一体”总布局，使生态文明建设融入经济、政治、文化、社会建设的各个方面。改革开放三十多年来，我国经济增长较快，政治、文化、社会和生态建设相对滞后。加快生态文明建设，保护和改善环境，是实现社会全面协调可持续发展的重要途径。

在“五位一体”总布局和全面建成小康社会的目标下，“美丽中国”是一个集合、动态的概念，是绿色经济、和谐社会、幸福生

---

① 万俊人：《美丽中国的哲学智慧与行动意义》，《中国社会科学》2013 年第 5 期。

活、健康生态的总称，是全球可持续发展、绿色发展和低碳发展的中国实践，是对保护地球生态健康和建设美丽地球的智慧贡献。[①] 它体现了我国对社会文明形态更新的整体谋划。生态文明是社会的整体进步，“美丽中国”是为生态文明建设勾画的美好图景，是生态文明建设的目标。

生态文明建设是实现“美丽中国”的基础。狭义的生态文明是社会结构的组成部分。从调整和完善社会结构入手，当前社会主义生态文明建设的主要任务是生态保护和环境改善，共守青山绿水。广义的生态文明是高于工业文明的社会形态。生态文明社会形态的实现以社会结构的各个构成部分协调发展为基础。生态文明形态的实现，为“美丽中国”的实现提供自然生态基础。生态文明虽是人类共同的价值目标，但在社会主义国家，建设生态文明还有特殊的含义。生态文明建设不仅仅体现一般意义上人类文明形态的更新，而且要体现社会主义的本质。环境保护，功在当代，利在千秋。青山绿水是增进民生福祉的生态保障，是社会主义制度优越性的体现，是人获得自由而全面发展的生态前提。党和国家提出“美丽中国”战略，是在生态文明建设新阶段，在掌握人类文明发展潮流和国内生态环境基本情况基础上，提升执政能力的重要表现。

四　打造生态文明建设新常态的基本思路

21 世纪是建设生态文明、构建和谐社会的世纪。十八大后，我国加大了生态文明建设和环境保护的力度。十八届三中全会提出“深化生态文明体制改革”的目标，十八届四中全会提出要“用严格的法律制度保护生态环境”，2015 年 4 月中共中央、国务院发布《关于加快推进生态文明建设的意见》。党和国家提出了一系列生态文明建设的新思想新论断，努力打造生态文明建设的新常态。习近平总

---

① 王金南、蒋洪强、张惠远、葛察忠：《迈向美丽中国的生态文明建设战略框架设计》，《环境保护》2012 年 12 月。

书记多次论述生态文明建设的新观点、新理念，主要包括：实现人与自然和人与人之间双重和谐的生态文明观；保护环境即是保护生产力的生态生产力观；一切为了人民群众生态诉求的生态民生观；以‘生态红线’为底线，整体谋划国土开发的生态安全观；实现最严法治的生态法治观等。生态文明建设新常态的打造表达了党和国家改善人民生活状态，实现中华民族伟大复兴“中国梦”的决心。

（一）生态文明制度建设

生态文明制度的建立健全是打造生态文明建设新常态的重要保障。党在十八大报告中指出，保护生态环境必须依靠制度，包括体现生态文明要求的目标体系、考核办法、奖惩机制，国土空间开发保护制度、耕地保护制度、水资源管理制度、环境保护制度、资源有偿使用制度、生态补偿制度、生态环境保护责任追究制度和环境损害赔偿制度等。习近平指出：“只有实行最严格的制度、最严密的法治，才能为生态文明建设提供可靠保障。”① 当前，建立系统完整的生态文明制度体系，用制度和法律保护生态环境，是加快推进生态文明建设的核心任务。

生态文明制度建设的首要任务是将生态文明建设制度整合在社会基本制度中。在社会主义制度下建设生态文明，是将社会主义制度的优越性和生态文明建设相结合，既体现生态文明建设的一般特征，又表现中国特色社会主义生态文明建设的特殊优势。第一，社会主义的根本任务是共同富裕。生态文明建设的一般任务是实现人与自然、人与人的双重和解。社会主义生态文明建设成果惠及全体人民，是我国生态文明建设的制度优势。第二，党领导广大人民群众建设社会主义，并坚持理论和制度创新是我国的优良传统。在社会主义生态文明建设中，中国共产党继续发挥着这一优良传统。改革开放前，我国将计划生育和保护环境确立为基本国策；改革开放后，我国逐步实施可持续发展战略，倡导科学发展，推进全面小

① 《习近平谈治国理政》，外文出版社2014年版，第210页。

康。这表明，党和国家在生态文明建设中注重整体谋划，突出人与自然和谐关系的构建，强调生态公平。

其次，努力形成较完备的生态文明制度体系。具体而又完备的生态文明制度是生态文明建设的保障。2015 年，中共中央、国务院出台的《关于加快推进生态文明建设的意见》坚持节约资源和保护环境的基本国策，以健全生态文明制度体系为重点，提出 2020 年基本确立生态文明重大制度的目标，包括基本形成源头预防、过程控制、损害赔偿、责任追究的生态文明制度体系，自然资源资产产权和用途管制、生态保护红线、生态保护补偿、生态环境保护管理体制等关键制度建设取得决定性成果。从《关于加快推进生态文明建设的意见》提出的目标看，我国生态文明制度建设的任务十分艰巨。

（二）生态文明意识培育

生态文明在观念上表现为社会发展的一种理念。从原始文明过渡到农业文明，是以铁制农具的广泛使用为标志的，工业文明的出现是以蒸汽机为代表的第一次科技革命为标志。而从工业文明向生态文明过渡则没有实物标志，主要表现为对工业文明造成的生态负效应的反思以及对人与自然可持续发展的谋划。

在对人与自然关系的认识上，生态文明相对于其他文明形态有着本质区别。生态文明社会，人类具备主动、自觉改善环境，促进人与自然协调发展的意识。原始文明、农业文明时代，人类几乎没有思考如何改善人与自然的关系。但由于社会生产力的发展程度和人的实践能力对环境的影响力是在环境的承载范围内，因此在与自然的关系中，人处于被动、压制和奴役的地位。在资本主义国家工业化早期，资本家追求利润最大化的本性使他们不计生态成本，甚至忽视人类整体的生态利益。因此，在人与自然关系的思考上，只能以狭隘的人类中心主义对待自然，不能形成主动保护和改善环境的意识。在人与自然矛盾出现后，人类开始寻求人与自然和谐之道，主动保护和改善环境，形成生态文明意识。人类从没有生态意识，到具有生态危机意识，再到具有生态文明意识的过程体现了人类对社会发展规律的自觉认识。

生态文明意识的高低是衡量国家和民族文明程度的重要标志，积极、自觉的生态文明意识对生态文明建设起着重要推动作用。首先，党和国家重视生态文明意识的培育。《中国21世纪议程》指出，教育是促进可持续发展和提高人们解决环境与发展问题的能力的关键。党在十八大报告中提出要加强生态文明宣传教育，增强全民节约意识、环保意识、生态意识，形成合理消费的社会风尚，营造爱护生态环境的良好风气。中共中央、国务院《关于加快推进生态文明建设的意见》指出，坚持把培育生态文化作为重要支撑。将生态文明纳入社会主义核心价值体系，加强生态文化的宣传教育，倡导勤俭节约、绿色低碳、文明健康的生活方式和消费模式，提高全社会生态文明意识。其次，公民生态文明意识得以显著提高。保护生态环境是每一位公民的义务。近年来，因环境问题引发的群体性事件增多，这表明我国的环境、资源问题很突出，人民群众生态环境保护的意识不断增强。这一方面表明了我国生态文明意识建设的成效；另一方面也表明我国在环境保护和治理上还跟不上群众的意识和现实需求。

五　中国特色社会主义生态文明思想的历史地位

中国特色社会主义生态文明思想是马克思恩格斯生态文明思想中国化的理论成果，是形成和发展中国特色社会主义理论体系的重要内容。中国特色社会主义生态文明思想坚持辩证唯物主义和历史唯物主义的根本方法，结合中国特色社会主义生态文明建设实践，创造性地作出了一系列的经验概论和理论总结。

（一）实现了马克思恩格斯生态文明思想中国化

马克思恩格斯的生态文明思想以历史唯物主义为基本方法，提出人与自然、人与人之间的双重和解依赖于人对自然规律认识能力的提高和科学技术的进步，关键在于变革资本主义生产方式消除人与自然的异化关系。中国特色社会主义生态文明思想研究在社会主义制度下生态文明建设的特殊性，是对马克思恩格斯生态文明思想的继承和发展。

1. 中国特色社会主义生态文明思想与马克思恩格斯的生态文明思想有理论同质性

生态文明建设的核心是统筹人与自然的关系。在人与自然关系的核心问题上，毛泽东提出人与自然关系“主客体相间”的思想，是对马克思恩格斯辩证唯物主义自然观的继承。改革开放后，随着生产力发展的速度加快，人与自然矛盾关系的突出，党的几代中央领导集体强调人口、资源、环境的辩证关系，形成的可持续发展思想、科学发展观是对马克思恩格斯辩证唯物主义自然观的运用和发展。在生态文明道路的选择上，党的几代中央领导集体运用了社会发展规律性与多样性辩证统一的唯物辩证法，在工业化任务尚未完成之时提出建设生态文明的目标等等，均是对马克思恩格斯生态文明思想的继承。

党的几代中央领导集体对马克思恩格斯生态文明思想的发展是前后相继的。由于所处的社会历史条件不同，他们提出的理论要解决的时代任务不同，所以他们的生态文明思想体现出阶段性和发展性的特征。以毛泽东为核心的党的第一代中央领导集体的环境保护思想形成了中国特色社会主义生态文明思想的萌芽；以邓小平、江泽民、胡锦涛为核心的党的几代中央领导集体将生态文明建设作为专门任务提出，并构建了“五位一体”的基本框架，标志着中国特色社会主义生态文明思想的逐步形成；以习近平为总书记的党中央对中国特色社会主义生态文明建设作了顶层设计和总体部署，标志着当代中国的生态文明思想继续向纵深发展。这些内容和目标呈现出党的几代领导核心生态文明思想的传承与递进。没有前一代人的思想和实践，就没有后一代人的伟大成就。

2. 中国特色社会主义生态文明思想与马克思恩格斯的生态文明思想有共同的价值取向

马克思主义作为解放全人类的思想武器，最伟大的理论价值在于为人的自由而全面发展提供思想武器。具体到马克思恩格斯的生态文明思想，他们认为要变革人类社会生产方式和社会制度才能实现人与自然、人与人之间关系的真正和解。当前中国的生态文明建设贯穿于实施可持续发展、全面建设小康社会、构建“五位一体”社会主义事业的总体布局的过程中，体现了在不断完善、发展社会主义社会的过程中实现生态文明的目标。

马克思恩格斯的生态文明的思想最终归属是实现人与自然、人与人的双重和解，从而实现人的自由而全面发展。中国共产党始终代表广大人民群众最根本利益，中国特色社会主义的生态文明思想的出发点就在于不断改善广大人民群众生活和发展的自然生态环境，以保证人民群众在和谐有序的自然环境中获得更好的生存质量和发展条件，体现了“以人为本”的价值取向。

（二）体现了中国发展理念的飞跃

中国特色社会主义生态文明思想以主动构建人与自然的和谐关系为目标，体现了科学发展、绿色发展的理念。新的发展理念以历史唯物主义为根本依据，摒弃了狭隘的人类中心主义价值观，建立了科学的人类中心主义价值观。

1. 科学发展

新中国成立以来，我国一直围绕着建设社会主义的目标奋斗。但在相当长一段时期，我们搞不清什么是社会主义，怎样建设社会主义，盲目追求“一大二公三纯”。改革开放后，经济建设成为社会发展的重中之重。当社会不和谐因素出现后，发展为谁、如何发展成为党和国家思考的重点。科学发展观以“以人为本”为核心，强调人是社会历史的主体，也是社会发展的最终归属。在人与自然关系上，科学发展观倡导人与自然可持续发展，其根本目的在于促进人类社会的可持续发展。

面对中国发展过程中，社会发展与生态环境恶化之间的矛盾，科学发展观明确提出人与自然可持续发展的内在要求。在科学发展观的指导下，党中央、国务院提出了一系列关于实现社会经济发展与生态环境可持续发展的途径和思路，如构建社会主义和谐社会，建设资源节约型、环境友好型社会等，落实了科学发展观倡导的人与自然和谐发展的内在要求。

2. 绿色发展

中共中央、国务院《关于加快推进生态文明建设的意见》提出协同推进新型工业化、城镇化、信息化、农业现代化和绿色化。“绿色化”首次与“新四化”即新型工业化、城镇化、信息化、农业现代化并提，“新四化”变成“新五化”。2015年，党的十八届五中全会审议通过的《中共中央关于制定国民经济和社会发展第十三个五年规划的建议》首次提出描绘“十三五”时期发展新蓝图的创新、协调、绿色、开放、共享五大发展理念。绿色发展理念再次表达了党和国家补齐生态短板的决心。

“‘绿色化’是生产方式、生活方式与价值取向的双重改变，是制度建设和价值共识的彼此推进，是社会关系与自然关系的和谐共进，是硬实力与软实力的互相砥砺。”① 当前，世界文明向绿色发展是历史潮流。我国“绿色化”发展是融入世界文明的重要途径。从我国生态文明建设的实际看，“绿色化”是统领生态文明建设实践的目标导向，是指导我国实现生态文明的重要价值理念。

（三）丰富了中国特色社会主义理论体系的内容

中国特色社会主义理论体系是开放的、不断发展的。新中国成立以来，党的几代领导集体坚持马克思主义的指导思想，运用马克思主义的科学方法，逐步形成了中国特色社会主义理论体系。中国特色社会主义生态文明思想是中国特色社会主义理论体系的重要内容，是马克思恩格斯生态文明思想在我国具体运用的实践经验总结。

中国特色社会主义理论体系围绕着什么是社会主义、怎样建设

---

① 《光明日报》编辑部：《为什么要在“新四化”之后增加“绿色化”》，《光明日报》2015年5月6日。

社会主义；建设什么样的党、怎样建设党；实现什么样的发展、怎样发展等基本问题展开。在内容上，它包括了中国特色社会主义的思想路线，建设中国特色社会主义的总依据、总任务、总布局、对外开放、祖国统一、外交和国际战略等等。生态文明是社会主义事业"五位一体"总布局的重要内容，是中国特色社会主义理论体系的重要内容。

建设生态文明关乎人民福祉，关乎民族未来，是实现中华民族伟大复兴"中国梦"的重要内容。形成尊重自然、保护自然的理念，塑造资源节约、环境保护的社会风貌，将生态文明融入经济、政治、文化和社会建设的全过程，为子孙后代留下天蓝、地绿、水清的美丽中国，并努力推进全球可持续发展，不断夯实"中国梦"实现的生态基础。

（四）提供了发展中国家建设生态文明的经验总结

中国特色社会主义生态文明思想的形成和继续发展，对中国生态文明建设进程的推动和人类文明进程的推进作出了重要贡献。从理论上讲，它回答了在中国这样尚未实现工业文明的发展中国家如何实现生态文明的问题；从实践中为发展中国家的生态文明建设提供了经验。

1. 坚定了发展中国家建设生态文明的信念和信心

发展中国家面临的生态问题一度成为各国政治、经济发展的瓶颈。经济上，恶劣的生态环境与缓慢的经济发展之间形成恶性循环；政治上，发展中国家不仅被发达国家转嫁生态危机，而且遭遇发达国家树立的生态壁垒。生态问题的出现，使发展中国家陷入内外交困的境地。中国特色社会主义生态文明建设取得的成效和经验，鼓舞了其他发展中国家建设生态文明的勇气，同时为它们提供了可借鉴的历史经验。邓小平在谈到中国改革和发展的经验时指出，我们的改革不仅在中国，而且在国际范围内也是一种试验，我们相信会成功。如果成功了，可以对世界上的社会主义事业和不发达国家的发展提供某些经验。同样，我国社会主义生态文明建设的实践及其理论总结无疑将为其他发展中国家生态文明建设提供有益的参考。

2. 开创了社会主义文明发展的新道路

在社会主义制度下建设生态文明是马克思恩格斯的生态理想。在社会主义制度下实践这一思想，并在实践基础上形成新的理论成果是人类历史上的第一次尝试。我国尝试了在工业文明尚未实现的历史条件下建设生态文明，尝试了在生产力和科技水平尚不发达的情况下利用有限的条件建设生态文明，尝试了在资本合理存在的社会现实中实现“生态理性”等等。这些实践经验和理论总结必将为其他发展中国家开创生态文明的道路提供理论和现实依据，为推进人类生态文明发展进程作出贡献。

3. 增强了世界社会主义的实力，扩大了社会主义的影响

由于发达国家率先开始建设生态文明，并取得了一定的成绩，给社会主义国家带来了压力。“落后就要挨打”的历史教训使社会主义国家丝毫不敢放慢发展的脚步；历史机遇的一再错失，发展中国家不敢脱离人类文明的发展进程。对我国而言，只要我们坚持建设社会主义生态文明，世界上就将有1/5的人享受生态文明的建设成果。社会主义生态文明一旦建设成功，社会主义国家就会产生更大的世界影响力和吸引力，社会主义制度的优越性就会更加明显地体现出来。可以说，生态文明建设的成效显示了社会主义的特征和面貌，形成了社会主义发展的生命力和凝聚力。

（五）解决了中国生态环境的现实问题

我国生态文明建设必须立足于中国生态环境的实际状况、经济发展水平、社会条件和人口素质，走符合中国国情的中国特色社会主义生态文明建设道路。中国特色社会主义生态文明思想在中国特色社会主义生态文明建设实践中形成，又指导着中国特色社会主义生态文明建设的实践。

马克思恩格斯生态文明思想是中国特色社会主义生态文明思想的渊源。马克思恩格斯生态文明思想的中国化体现了理论与实践的互“化”关系。互“化”最终要实现理论的创新，并推动实践进步。马克思主义中国化的历史进程多次证明，马克思主义只有同中国实际相结合，才能指导中国的革命、建设和改革取得成功。因此，不断发展的、同实践紧密结合的中国特色社会主义生态文明思想是解决中国在新的发展阶段生态环境问题的直接依据。

第四章　中国特色社会主义生态文明思想的实践

新中国成立以来，中国特色社会主义生态文明建设在马克思恩格斯生态文明思想的科学指导下，展开了新画卷。马克思恩格斯生态文明思想实现了中国化，中国特色社会主义生态文明思想逐渐形成。理论的演进以实践为基础。我国把生态文明建设放在突出地位，并融入经济建设、政治建设、文化建设、社会建设各方面和全过程，展开了生态经济建设、生态政治建设、生态文化建设和生态社会建设。

一　生态经济建设

生态经济建设是生态文明建设的基础。在生态经济建设中，我国主要从走新型工业化道路、发展循环经济和构建生态化产业结构等方面推进生态文明建设。近几年来，我国万元国内生产总值能源消耗反映了我国生态经济建设的成果。2010—2013 年，我国的万元国内生产总值能源消耗稳中有降，经济增长对资源消耗的依赖逐步减弱。我国经济从总体上开始由粗放型走向集约型，并取得一定的成效。

表4-1　　　平均每万元国内生产总值能源消费量①

年份	万元国内生产总值能源消费量（吨标准煤/万元）	万元国内生产总值煤炭消费量（吨/万元）	万元国内生产总值焦炭消费量（吨/万元）	万元国内生产总值石油消费量（吨/万元）	万元国内生产总值原油消费量（吨/万元）	万元国内生产总值燃料油消费量（吨/万元）	万元国内生产总值电力消费量（吨/万元）
2010	0.88	0.85	0.09	0.11	0.1	0.01	0.1
2011	0.86	0.87	0.09	0.1	0.09	0.01	0.1
2012	0.83	0.85	0.09	0.1	0.09	0.01	0.1
2013	0.8	0.82	0.09	0.1	0.09	0.01	0.1

（一）走新型工业化道路

工业化是人类社会从传统走向现代的重要途径。发达国家自18世纪欧洲工业革命开启工业化进程，在之后的两百年间，先后有英、法、德、美、日等工业强国通过工业化成为发达国家。这些国家的工业化与殖民掠夺、殖民地战争联系在一起，我们称之为传统工业化道路。传统工业化道路是一条争夺全球物资、消耗全球环境资源的道路，为全球生态危机的出现埋下了隐患。虽然工业化国家通过积极治理，使本国或本地区的生态环境得以改善，但全球范围内的资源掠夺不仅使发展中国家被迫走上以资源为代价实现经济增长的道路，也限制了发展中国家对工业化模式的选择。发展中国家的工业化不再具备宽容的生态环境，只能放弃传统工业化道路。

新中国成立后，我国的工业化是在计划经济模式下起步的。由于新中国百废待兴，工业水平低，我国照搬苏联，片面发展重工业，追求高速度粗放发展，造成较为严重的环境问题，如：大气质

① 国内生产总值按2010年可比价格计算。数据来源于《2015年统计年鉴》（file：///C：/Users/user/Desktop/2015/中国统计15光盘－网页展开版1231/indexch.htm）。

量下降，水污染严重，矿产资源和能源过度开采，森林过度砍伐，水土流失，河流断流等。改革开放以来，中国社会进入到从传统社会向现代社会的转轨时期。历史经验表明，传统社会向现代社会转轨必须大大提高第二产业和第三产业在社会生产结构中的比重，以实现农业社会向工业社会的转轨。随着经济体制由计划经济向市场经济的转变，我国凭借技术进步、比较优势和后发优势，工业化取得了重大进步，但仍处于从农业国家向工业国家的转轨过程中，只能称为半工业化国家。

目前，我国工业化面临着人口数量大、人均资源不足、劳动力供给大于需求的突出矛盾，还面临着经济全球化时代国际分工带来的环境、资源压力。国际国内的机遇和挑战使我国必须以更快的速度、更短的时间、更高的质量完成工业化的历史任务。我国的工业化道路必须既区别于传统工业化道路又区别于计划经济体制下、二元经济结构下的工业化模式，必须走出一条具有鲜明特色的中国工业化道路。党的十六大报告提出，我们要坚持以信息化带动工业化，以工业化促进信息化，走出一条科技含量高、经济效益好、资源消耗低、环境污染少、人力资源优势得到充分发挥的新型工业化道路。自此，我国工业化道路有了明确的特征和目标，为处于不同体制下、不同工业化阶段、选择不同发展道路的国家探索适合自身的工业化道路迈出了重要的一步。

按照我国新型工业化道路的要求，要充分发挥科技作为第一生产力的作用，促进科技成果更好地转化为现实生产力；实现经济增长方式从粗放型向集约型转变；高度重视生态环境问题，从宏观管理入手，注重从源头上防止环境污染和生态破坏，避免走旧工业化过程中的先污染后治理的老路；要充分考虑我国人均资源相对短缺的实际，实施可持续发展的战略，努力提高资源利用效率；处理好发展资金技术密集型产业与劳动密集型产业的关系，提高劳动力的素质和能力。这些要求凸显了生态文明建设的特征。为在实践中继续贯彻这一思路，党在十七大再次强调走中国特色新型工业化道路的要求，为我国继续推进并最终完成工业化指明了方向。

（二）发展循环经济

循环经济的思想萌芽于20世纪60年代。美国经济学家K. 波尔丁提出的“宇宙飞船理论”可视为早期代表。K. 波尔丁形象地将地球比作在太空中飞行的宇宙飞船，要靠不断消耗自身有限的资源得以生存。人类好比宇宙飞船上的乘客，如果不合理开发资源并破坏环境，地球就会像宇宙飞船那样走向毁灭。因此，必须改变以往的经济增长方式，摒弃只注重生产量的“消耗性”、“直线型”经济，建立既不会使资源枯竭，又不会造成环境污染和生态破坏，并能循环使用各种物资的“循环式”经济。“循环式”经济按照减量化（Reduce）、再利用（Reuse）、再循环（Recycle）的“3R”原则，建立起“资源—产品—再生资源……”的物质反复循环流动过程，使整个生产过程基本上不产生或者只产生很少的废弃物，从而降低生产资料和能源的消耗，同时降低废弃物的排放。

实施循环经济是实现保护生态环境与经济增长平衡的重要途径。20世纪90年代后，发展循环经济成为国际社会改善生态环境的重要途径。我国从20世纪90年代引入循环经济的发展理念，之后展开了循环经济的理论研究和实践探索，其主要过程如表4－2所示。

表4－2　　我国发展循环经济模式进程表

时间	事件	战略意义
2004年9月	国家发展和改革委员会组织召开了第一届全国循环经济工作会议，建立推进循环经济发展的协调工作机制	循环经济由环保手段上升为经济发展模式
2005年7月2日	《国务院关于加快发展循环经济的若干意见》等一系列文件，提出了发展循环经济的指导思想、基本原则和主要目标	为循环经济从理念到实践的过渡提供了政策保障

续表

时间	事件	战略意义
2005年10月11日	十六届五中全会通过《中共中央关于制定国民经济和社会发展第十一个五年规划的建议》，提出通过发展循环经济调整经济结构和布局，实现经济增长方式转变	循环经济成为实施基本国策的重要手段和途径
2006年3月14日	《中华人民共和国国民经济和社会发展第十一个五年规划纲要》对发展循环经济进行了专门规划，制订行业循环经济支撑技术支持计划和中长期循环经济规划等	循环经济成为我国国家发展战略的重要内容
2007年10月15日	十七大报告提出循环经济形成较大规模，可再生能源比重显著上升的目标	从党的报告的高度明确了循环经济的目标
2009年1月1日	开始实施《中华人民共和国循环经济促进法》	循环经济上升到基本国策的重要地位
2012年11月18日	十八大报告在大力推进生态文明建设的举措中提到发展循环经济，促进生产、流通、消费过程的减量化、再利用、资源化	从党的报告的高度强调循环经济在生态文明建设中的作用
2015年4月25日	中共中央、国务院《关于加快推进生态文明建设的意见》提出通过发展循环经济，全面促进资源节约循环高效使用，推动利用方式根本转变	循环经济进入党和国家生态文明建设顶层设计的视野

（三）构建生态化产业结构

马克思对构建生态文明的生产方式有过具体的论述，他从物资的循环利用出发，谈到了产业链的形成。首先，马克思认为资源的有限性促进了资源的循环利用。“生产排泄物和消费排泄物的利用，随着资本主义生产方式的发展而扩大。”① 其次，科学技术使资源

① ［德］马克思：《资本论》第3卷，人民出版社2004年版，第115页。

的循环利用成为可能。“机器的改良，使那些在原有形式上本来不能利用的物质，获得一种在新的生产中可以利用的形态；科学的进步，特别是化学的进步，发现了那些废物的有用性质。”① 再次，他找到了资源循环利用的具体途径。“所谓的生产废料再转化为同一个产业部门或另一个产业部门的新的生产要素；这是这样一个过程，通过这个过程，这种所谓的排泄物就再回到生产从而消费（生产消费或个人消费）的循环中。”② 最后，他还指出了资源的循环利用带来了资源的节约和废弃物的少排放两大优点。“应该把这种通过生产排泄物的再利用而造成的节约和由于废料的减少而造成的节约区别开来，后一种节约是把生产排泄物减少到最低限度和把一切进入生产中去的原料和辅助材料的直接利用提到最高限度。”③

纵观人类社会生产的历史，我们走的却是一条背离马克思设想的道路。人类生产最开始走“原料—产品—废弃物”的直线型路线，直接从自然界获取自然资源，又直接将废弃物排放到自然界。之后，人类将生产的链条衍生为“原料—产品—废弃物—废弃物治理”，以末端治理的模式解决生态问题。随着资源短缺，人类工作、生活环境的进一步恶化，人类开始思考如何变废为宝，使“生产废料再转化为同一个产业部门或另一个产业部门的新的生产要素”④。对废弃物的再利用也不失为一个经济与生态双赢的方法。这时，生产的链条变为“原料—产品—废弃物—原料……”废弃物循环利用的实现需要多方面的现实条件作支撑。各个经济部门和产业之间的关联性是实现物质循环的首要条件，它们对原料的不同需求为物质循环提供了可能性。

产业生态化是建立各个经济部门和产业之间关联性的有效途径。它依据自然生态有机循环的机理，在生态系统承载能力范围内，对地域空间内的产业、自然资源及社会资源进行整合，实现资

---

① ［德］马克思：《资本论》第3卷，人民出版社2004年版，第115页。
② 同上书，第94页。
③ 同上书，第117页。
④ 同上书，第94页。

源消耗最低化，环境污染最小化，产品产出最优化的目标。产业生态化理论来源于产业代谢理论。产业代谢理论认为，经济系统并不是孤立的，而是开放地存在于一个生态大系统内，并通过物质流和能量流与大自然相联系。受这一理论的影响，1989年罗伯特·弗罗什首次提出了“产业生态系统”的概念。他指出产业系统与生态系统之间存在高度依存性，产业的形成要依照自然生态规律，将传统的产业模式转变成生态化的产业系统，实现资源节约、废物循环利用的一体化生产模式。20世纪90年代以来，产业生态化在发达国家逐渐形成一股潮流，并贯穿于它们国家宏观立法、管理，中观区域产业布局和微观技术改造、生产实践的方方面面。

我国生态经济建设以生态化的生产模式为基础。从微观层面看，企业通过技术创新，实现企业内部的物质循环；通过新产品研发和对产品的售后服务，延长产品的使用寿命，以降低废弃物的产生；通过回收废旧产品，降低对资源的需求。从中观层面看，企业间通过物质集成、能量集成和信息集成，形成共生关系；在相对固定的区域内建立生态产业园区，在园区内部实现循环经济。在宏观层面，重点进行循环型城市和省区的建立，最终建成循环经济型社会。我国自2005年颁布《关于加快发展循环经济的若干意见》以来，设立了一大批国家循环经济试点单位，有多家产业园区因其生态化特征，获批国家循环经济示范园区，并创建了首批40个循环经济示范城市。

二　生态政治建设

生态政治建设是生态文明建设的保障。从广义上看，生态政治建设包括生态安全格局的构建、生态文明法制建设、和谐生态关系的构建等。我国在生态文明建设中向来重视政治环境的建设，并取得一定成效。

（一）构建生态环境安全格局

我国向来重视生态文明建设宏观层面的战略管理和立法工作。鉴于近年来，各地区忽视区域自然生态条件和环境容量，产业结构趋同发展，造成产业选择与环境承载能力的错位，国家通过划分主体功能区，指导区域差异性产业选择。2010年国务院制定的《全国主体功能区规划》（以下简称《规划》），依据区域生态状况和特点，对全国范围内的区域做了整体功能的划分，为产业生态化提出了纲领性思路。《规划》根据不同区域的资源环境承载能力、现有开发密度和发展潜力，对全国陆地国土空间以及内水和领海（不包括港澳台地区）进行主体功能划分，统筹谋划未来人口分布、经济布局、国土利用和城镇化格局，以推进我国主体功能区在2020年实现。《规划》按开发方式将国土空间划分为优化开发区域、重点开发区域、限制开发区域和禁止开发区域。优化开发区域指国土开发密度已经较高、资源环境承载能力开始减弱的区域；重点开发区域指资源环境承载能力较强、经济和人口集聚条件较好的区域；限制开发区域指资源承载能力较弱、大规模集聚经济和人口条件不够好并关系到全国或较大区域范围生态安全的区域；禁止开发区域指依法设立的各类自然保护区域。

《规划》对于我国实现可持续发展，建设社会主义生态文明具有重要意义。第一，四种区域的划分将国土空间划分为城市化地区、农业地区和生态地区三类，有利于优化各地区的功能结构，实现可持续发展。国家通过对主体功能区的规划，引导人口和经济向适宜开发的区域集聚，为农业发展和生态保护腾出更多的空间，促进人口、经济、资源环境的空间均衡，从源头上遏制生态环境先破坏后恢复的弊端，使当代人的发展不损害后代人利益。第二，有利于制定实施更有针对性的区域政策和绩效考核评价体系，增强区域调控的针对性、有效性和公平性。主体功能区的形成，可能会拉大发达地区和欠发达地区经济总量的差距，影响到欠发达地区的发展问题。这可以从客观上推动差别化的区域政策的制定和各有侧重的绩效评价指标的形成。比如对于优化开发区域，要强化对经济结构、资源消耗、环境保护、科技创新以及对外来人口、公共服务等指标的评价，以优化经济增长速度；对于资源环境承载能力较强的重点开发区域，主要实行工业化、城镇化发展水平优先的绩效考核评价，综合考核经济增长、吸纳人口、产业结构、资源消耗、环境保护等方面的指标；对于限制和禁止开发区域，要增加对其财政转移支付，帮助这些地区健全公共服务、完善基础设施建设等。

（二）构建生态文明法制框架

我国在环境保护立法方面的努力时日已久，早在1973年就启动了环境保护政策。在1973年召开的环保会议中，国家出台了《三废排放标准》，通过限制废物的排放促进环保。在1978年的中央工作闭幕会议上，邓小平明确提出了要集中力量制定森林法、草原法、环境保护法等，推动了我国环境保护方面立法工作的稳步前进。在邓小平环保法制化思想的指导下，1978年国家新颁布修改的《宪法》，首次将环保问题列入国家的根本大法。《宪法》第11条明确规定："国家保护环境和自然资源，防治污染和其他公害。"1979年，《环境保护法》颁布，标志着我国的环境保护开始步入法制化轨道，环境保护成为中国的一项基本国策。党在十五大报告中还强调了要"将环境保护纳入法制化、制度化的轨道"，"坚持计划生育和保护环境的基本国策，正确处理经济发展同人口、资源、环境的关系。严格执行土地、水、森林、矿产、海洋等资源管理和保护的法律"。

20世纪80年代开始，国家陆续出台了一系列环境保护法律法规。1982年《宪法》第26条第一款规定：国家保护和改善生活环境，防治污染和其他公害，体现了国家环境保护的总政策。1989年我国出台《中华人民共和国环境保护法》，作为我国环境保护的基本法。在十五大报告的指示下，我国又出台有关生态环境建设的一系列法律法规，如《环境保护法》《森林法》《大气污染防治法》《水污染防治法》《海洋环境保护法》等，对生态环境的保护起了积极作用。党的十五大不仅从党代会报告的高度奠定了可持续发展战略的重要地位，而且通过一系列的法律、法规保障了可持续发展战略的具体实施。因此，党的十五大对我国实施可持续发展战略起到了直接的推动作用。

在环境保护的行政法规中，国务院出台了《中华人民共和国水污染防治法实施细则》《建设项目环境保护管理条例》等条例、法规，几乎覆盖了所有环境保护行政管理领域。环境保护部门还出台了《环境保护行政处罚办法》《排放污染物申报登记办法》《环境标准管理办法》等部门规章。

从各个省市环境保护立法的情况来看，自2002年国家环保局确定辽宁省和贵阳市为循环经济试点省市后，贵阳市于2004年11月1日起开始实施我国首部循环经济地方立法——《贵阳市建设循环经济生态城市条例》。之后，厦门市和深圳市分别参照该立法，制定和实施了《厦门市人民代表大会常务委员会关于发展循环经济的决定》和《深圳经济特区循环经济促进条例》。

环境保护法律法规的相继出台，有力地推动了生态文明建设的法治进程。但这些法律法规存在以下问题：一是立法缺乏层次性。目前我国关于生态文明建设的立法基本上停留于专项法，缺乏生态文明建设的综合法。二是立法具有片面性。所有关于生态文明建设的法律几乎都停留在环境保护一个方面，缺乏对生态文明建设其他方面的考虑，如对生态文明意识培育、生态文明教育、生态化生产方式等的立法。三是立法具有城乡二元性。我国没有综合性的农业环境资源保护法规或条例，城乡环境保护立法上差距较大，从而出现了农村生态环境受到污染后无法可依的窘境，对农村生态文明的建设极为不利。在具体的工作中，由于方式较为单一，重视的力度不够，收效甚微。

（三）构建和谐生态政治关系

改革开放后，特别是加入WTO后，中国与世界的联系日益紧密，在生态环境问题上受到的国内外压力也迅速加大。国内由于自然地理条件和经济发展水平的差异，区域间生态环境的差距逐渐拉大；在国际分工与合作中，我国处于产业链低端，既要承受资源环境被廉价利用的压力，又要承担生态环境保护的重任，面临着巨大的生态不安全因素。面对国际国内的生态压力，我国立足于生态环境保护的区域视角和全球视角，在国内提出生态安全战略，在国际上积极推进全球环境正义，维护以中国为代表的发展中国家的环境权。

1. 提出生态安全战略

首先，党中央认识到西部地区脆弱的生态环境及其对整个国家发展的影响。江泽民指出："西部地区是保障国家生态安全的要害地区，但目前生态环境十分脆弱。"① 西部地区的生态环境是我国生态安全的屏障。西部地区生态环境建设的好坏，关系到整个国家生态环境的改善，关系到全社会可持续发展的推进。江泽民曾明确指出"生态环境建设不仅关系到西部地区的发展和人民生活的改善，也关系到整个中华民族的生存和发展环境，一定要坚持不懈地抓好"②。"搞好西部地区特别是长江、黄河源头和上游重点区域的生态建设，对于改善全国生态环境，实施可持续发展战略具有重要作用。"③ 其次，党中央看到了西部地区贫穷与生态问题之间的恶性循环，提出了"在保护中开发，在开发中保护"的发展策略。西部地区经济发展相对落后，自然环境不断恶化，水土流失严重，荒漠化年复一年地加剧，并不断向东推进。由于长期以来，经济发展和生态保护问题的堆积，西部地区陷入了生态环境破坏严重和社会经济发展困难的两难境地。再次，党中央根据西部地区的生态特点，提出了生态安全策略。党中央一方面提出要根据西部地区的经济和资源特点，有选择性地发展，即"要根据西部各地的经济优势，选好投资项目，努力提高经济效益，同时在开发和建设中要高

---

① 《江泽民文选》第3卷，人民出版社2006年版，第60页。

② 孟向前、孟西安：《江泽民在陕西考察工作强调结合新实际大力弘扬延安精神开创新世界改革发展生动局面》，《光明日报》2002年4月3日。

③ 《江泽民文选》第3卷，人民出版社2006年版，第60页。

度注重社会效益和生态效益。在项目决策时，就要考虑对社会和环境发展的作用”①。另一方面，党中央还提出了西部地区的生态安全策略。如：依靠开发式脱贫，防止贫穷带来的资源贱卖和浪费。江泽民明确指示：“贫困地区大搞农田基本建设，大搞种树种草、治水改土，不仅是脱贫的根本大计，也是关系中下游地区经济可持续发展的大事，是关系子孙后代生存和发展的大事。”②

2. 承担环境保护的国际责任

我国积极参与联合国主持的国际环境保护运动。1992 年，联合国环境与发展大会通过《21 世纪议程》，中国政府作出了履行《21 世纪议程》等文件的庄严承诺。1994 年 3 月 25 日，《中国 21 世纪议程》经国务院第十六次常务会议审议通过。《中国 21 世纪议程》提出中国可持续发展战略的背景、必要性、战略目标、战略重点和重大行动，可持续发展的立法和实施，制定促进可持续发展的经济政策，参与国际环境与发展领域合作的原则立场和主要行动领域等。这表明，中国向国际社会履行了促进人口、资源和经济协调发展的承诺，并以实际行动走上可持续发展的道路。

中国在节能减排、环境保护等方面长期本着“共同但有区别的责任”原则，履行《联合国气候变化框架公约》和《京都议定书》承诺的义务，愿意在公平合理的基础上，承担与自己发展水平相适应的国际责任与义务，为促进全球环境与发展事业作出应有的贡献。中国于 1998 年 5 月签署并于 2002 年 8 月核准《京都议定书》，成为第 37 个签约国。在 2009 年的哥本哈根联合国气候变化大会中，温家宝与会并发表了题为《凝聚共识 加强合作 推进应对气候变化历史进程》的重要讲话，全面阐述中国政府应对气候变化问题的立场、主张和举措，指出中国始终把应对气候变化作为重要战略任务，并将减排目标作为约束性指标纳入中长期规划，保证承诺的执行受到法律和舆论监督。温家宝还承诺，我国将进一步完善国内

① 《江泽民文选》第 3 卷，人民出版社 2006 年版，第 60 页。
② 《江泽民文选》第 1 卷，人民出版社 2006 年版，第 553 页。

统计、监测、考核办法，改进减排信息的披露方式，增加透明度，积极开展国际交流、对话与合作。温家宝最后还强调，中国政府确定减缓温室气体排放的目标是中国根据国情采取的自主行动，是对中国人民和全人类负责的，不附加任何条件，不与任何国家的减排目标挂钩。我们言必信、行必果，无论本次会议达成什么成果，都将坚定不移地为实现、甚至超过这个目标而努力。2008 年 7 月 9 日上午在日本北海道洞爷湖举行的经济大国能源安全和气候变化领导人会议中，胡锦涛出席并发表重要讲话。胡锦涛指出，气候变化国际合作，应该以处理好经济增长、社会发展、保护环境三者关系为出发点，以保障经济发展为核心，以增强可持续发展能力为目标，以节约能源、优化能源结构、加强生态保护为重点，以科技进步为支撑，不断提高国际社会减缓和适应气候变化的能力。

中国用实际行动履行国际条约中的承诺，承担起环境保护的国际责任，如：中国是最早制定实施《应对气候变化国家方案》的发展中国家，近年来还制定了一系列法律法规，把法制作为应对气候变化的重要手段。中国是近年来节能减排力度最大的国家。截至 2009 年上半年，中国单位国内生产总值能耗比 2005 年降低 13%，相当于少排放 8 亿吨二氧化碳。中国是新能源和可再生能源增长速度最快的国家，水电装机容量、核电在建规模、太阳能热水器集热面积和光伏发电容量均居世界第一位。中国是世界人工造林面积最大的国家，持续大规模开展退耕还林和植树造林使目前我国人工造林面积达 5400 万公顷，居世界第一。

三　生态文化建设

中共中央、国务院《关于加快推进生态文明建设的意见》提出要加快形成推进生态文明建设的良好社会风尚，提高全民生态文明意识、培育绿色生活方式、鼓励公众积极参与。生态文明建设不仅仅是技术问题、资金问题、项目问题，而且包括文化建设。

（一）培育生态文明意识

生态学马克思主义者将生态文明视为一场伟大的思想革命。生态文明建设离不开生态文明意识的树立。人类从没有生态意识，到具有生态危机意识，再到具有生态文明意识，这是一个历史过程。这个过程，是社会发展的过程，更是文明进步的过程。生态文明意识作为社会意识的一个子系统，历经从无到有，从分散、自发的个人意识到国家意志，体现了生态文明这一社会存在的不断发展，反映了人类主体对生态文明建设的深层把握。人类社会文明演进受人的观念和意识发展的影响。积极、成熟的生态文明意识将成为生态文明建设的灵魂。我国的生态文明意识建设主要从以下几方面作出努力。

1. 将生态文明的个体意识上升为群体意识，并通过国家意志表现出来

在生态文明意识建设中，公民仅有个人生态意识和环保行为是不够的。在日常生活中，大多数人都能够成为个人环保意识的践行者，但是这种个人生活方式的生态化并不能从根本上改变人与自然的对抗性矛盾。因为个人意识、群体意识的产生有自发性，不一定是自觉意识，且个人意识和群体意识还具有多样性、非统一性、不系统性、不稳定性等，主要通过感情、风俗、习惯、成见、自发倾向和信念、愿望、审美情趣等表现出来。要使社会意识具有确定性、稳定性和强制性，就必须将其上升为社会意识形式，通过政治法律思想、道德、艺术等表现出来。

要形成稳定的生态文明的国家政治意志，其一，要将个体意识上升为群体意识。群体意识并非个体意识的简单相加和组合，而是对个人意识的提炼和升华，形成的相对统一、稳定，并符合统治阶级要求的意识。体现在生态文明方面，这种群体意识一般可以通过树立走生态道路、传播生态伦理思想等方式表现出来。其二，要将群体意识上升为国家意志。我国是社会主义国家，国家意志是人民群众意识的集合体。国家的生态责任就体现为让人民享受生态成果

和生态生活，并使人民负有生态珍惜和生态保护的义务。因此，国家要将人民群众的群体意识给予政治、法律等途径的保障，将群众生态意识国家意志化。国家要考虑整个社会如何与自然相处的问题，对公共利益问题进行理性决策。国家通过生态鼓励机制、生态补偿机制等经济或政治手段，让所有的个体都参与到对社会发展和生产、生活方式的讨论和规划之中。最后，国家将生态集体意志的结论通过政治、法律等途径确认下来。

2. 形成强烈的生态文明民主和公平意识

生态环境、生态文明的发展程度和经济发展水平导致了生态文明意识地区差异、群体差异。经济发展程度较低、工业化程度较低的地区，主要依赖自然资源发展经济，很难自觉放弃赖以生存的基础，自觉形成生态文明意识；从地区内部看，不同产业之间的循环链尚未完善，区域性的节能环保意识还很难形成。从政府对企业的监管看，当前的环境问题愈演愈烈，在很大程度上与某些政府机构的监管不力有关。总的来看，生态文明建设成果突出的地区，生态文明意识优于生态文明建设较慢的地区。基于社会意识对社会存在能动的反作用，生态文明意识的提升有利于促进生态文明建设。因此，全社会都要树立起整体的生态意识观，形成生态民主和生态平等的共鸣。只有每个人履行维护生态良好的义务，才能抵制少数富裕阶层和特权人物为了自身的利益危害公共利益的行为。此外，生态公平和生态民主意识的形成不仅能使公民自觉关注生态环境，通过参政议政等政治途径或非正式的民间途径改善本地区的环境问题，还能促进公民关注全国、全球的环境问题，将生态文明的视野放宽、放远。

美国加州克莱蒙特神学院和克莱蒙特研究生大学的宗教学和神学教授大卫·格里芬指出创建全球民主以战胜通往生态文明运动的阻碍。因为，首先国家之间存在的所有争论将由世界法庭来解决。其次，要通过一个超越国家政府层面之上并且天然地为这些国家政府无法解决的全球事务负责的全球层面的民主政府。再次，由全世界人民选举出来的代表通过旨在减缓并且最终扭转全球变暖和其他生态危机的法律。[①] 但是，大卫·格里芬教授也指出了在全球实现生态文明与公平的困难。他认为马克思主义遭到西方的反对的一个原因是因为它设想了一个基于某种不同于主权国家的基础之上的世界秩序。事实也是如此，根据联合国宪章和国际法的原则，国家拥有主权依照其自身的环境政策开发资源。这样的世界秩序给予了主权国家破坏国际条约和协议，通过利用环境资源获得经济上获利的机会。

3. 将生态文明的思想内化为人民群众的生态伦理意识

我们树立生态文明意识的最终目标是使公民真正认可生态文明的行为，并自觉尊重、珍爱生态环境，最后使公民自觉表现出生态文明的行为方式。这是一个将生态文明思想内化为公民生态伦理意识的过程。公民能自觉接受生态文明思想的基础是建设社会主义生态文明从根本上维护了他们的长远利益、根本利益。当然，社会主义生态文明建设是与小部分人的当前利益相冲突的，如自给自足的小生产者，他们既不可能放弃粗放型的传统农业生产方式，也不可能考虑生态环境的远景问题；社会主义市场经济体制下的私营业者，也没有意识或没有能力过多考虑生态成本。

生态文明成效关乎广大人民群众的根本利益，因此我国一直重视将生态文明建设的成果落实到公民的具体利益之上。在生态文明意识培育中，重视引导公民客观认识当前的生态现状和恶化趋势，并引导他们将生态文明建设的成效和未来的生存环境、生活空间的状态联系起来；通过让公民感受生态文明的具体成果，使他们享受到生态文明建设带来的实实在在的物质和精神利益，从而引导公民从正面意识到生态文明建设与自身的关系，从反面认识到破坏生态文明的行为是与人类生存的愿望相背离的，是不道德、不符合伦理的。

---

① ［美］大卫·格里芬：《全球民主和生态文明》，弭维译，《马克思主义与现实》2007年第6期。

（二）开展生态文明意识教育

生态文明意识教育是培育公民生态文明意识的重要途径。在生态文明意识教育的具体手段上，国外学者 Peter Mclaren、Donna Houston 等主张，为保持跨学科领域的绿色马克思主义学术的不断发展，“绿色化”教育不应该减少其激进的内容或改变压迫性社会的经济状况。因此，他们推崇在“绿色化”教育中实施批判性、激进式的教育。在环境暴力、资源殖民化和大规模的生态破坏已经成为地球上大部分物种日常生活状况的今天，有着马克思主义传统的激进教育学，以其发达的经济批判基础，为强调生态和环境公平的教育理论和实践提供了丰富的理论。实际上，在过去的 20 年中，批判性教育与完整的跨学科领域的生态马克思主义的学术已经结合起来了，并且成为生态哲学、绿色政治学、激进历史学和政治经济学中最突出的一个部分。①

在生态文明意识教育的渠道上，我国提倡多重渠道同时进行。家庭履行生态文明意识的启蒙教育职责，学校承担教育的主要责任，社会充分发挥引导功能。通过多渠道、全方位的教育、灌输，生态文明的理念逐步内化为道德标准，并转化为生态自律的伦理意识。这是将生态文明建设要求的外在约束力转化为内在的责任感和权利感，形成自觉的、符合生态文明要求的行为和意识的过程。

大学生是未来生态文明建设的先锋力量。对大学生进行生态文明意识教育是未来生态文明建设的积极保障。目前，高校虽认识到生态文明意识教育是生态文明建设的重要途径，但是对如何培育和提升生态文明意识不够重视。高校进行生态文明意识教育的主要阵地是思想政治理论课及少数相关专业的相关课程教学，几乎没有专门的生态文明教育课程。即使少数学校开设相关的通识课程，但仍然存在师资力量不足、专业性不强、教材建设落后等问题。

---

① Peter Mclaren, Donna Houston. Revolutionary Ecologies: Ecosocialism and Critical Pedagogy. *Educational Study*, 2004（8）: 27.

思想政治理论课担当着生态文明意识教育的重任。首先思想政治理论课教材中有丰富的生态文明内容和资源。在“马克思主义原理”课的教学中，“物质世界和实践”、“认识与实践”等内容帮助学生树立科学的自然观，把握人与自然和谐共生的规律；“毛泽东思想和中国特色社会主义理论体系概论”课中“五位一体”的总布局的内容，引导学生明确社会主义生态文明建设的重要现实意义；“思想道德修养与法律基础”课着力培养学生树立生态价值观、生态道德观；“形势与政策”课引导大学生认识生态国情，树立生态文明理念。在教学方法上，对生态文明建设相关内容，各门课程集中备课，融会贯通，形成了“绿色课程体系”、“绿色专题”等。在社会实践教学中，教师积极引导学生关注生态问题，体会生态文明建设的重要意义，并将生态文明理念外化为生态环境保护的具体行动。

除此之外，高校还通过营造校园生态文化氛围，提高生态文明教育的实效性。如设计环保宣传标语、警示语，设立报刊或宣传栏的专刊，开设生态环境保护网络互动栏目、校园生态文化活动，开展植树造林、校园生态维护、校园所在社区环境治理等活动。高校还利用自身优势，组建生态环保社团开展环保主题宣传、科技讲座、生态体验、绿化环境志愿服务等活动。有的高校则以项目经费支持的方式，鼓励师生参与生态文明相关课题的研究。

四　生态社会建设

生态社会建设是生态文明融入社会建设的重要途径。在生态社会建设中，退耕还林、退牧还草工程，改善了社会生态环境；“两型社会”建设破解了城乡二元生态的对立；倡导绿色生活方式，激发了社会成员参与生态社会建设的积极性。

（一）实施退耕还林、退牧还草工程

长期以来，由于盲目开垦和沙化地耕种，我国遭受了严重的水

土流失、风沙危害、洪涝、干旱、沙尘暴等自然灾害。为缓解自然灾害对生产生活的影响，党中央、国务院决定实施退耕还林工程。这一工程以保护生态环境为出发点，有计划地停止对水土流失严重、沙化、盐碱化、石漠化的耕地以及粮食产量低而不稳的耕地的耕种，因地制宜地造林种草，恢复植被。1999 年，四川、陕西、甘肃 3 省率先开展了退耕还林试点，揭开了我国退耕还林的序幕。《国务院关于进一步做好退耕还林还草试点工作的若干意见》（国发〔2000〕24 号）、《国务院关于进一步完善退耕还林政策措施的若干意见》（国发〔2002〕10 号）和《退耕还林条例》规定，2001—2010 年要实现退耕还林 1467 万公顷的目标。

自 1999 年开始试点到 2010 年，全国共安排退耕还林任务超过 4 亿亩，中央投资总量达 4500 多亿元。工程覆盖了全国 25 个省（区、市）、新疆生产建设兵团共 1897 个县级单位，涉及 3200 万农户、1.24 亿农民。退耕还林取得了显著的生态效益。一是加快了国土绿化进程。在退耕还林工程的强力带动下，“十五”期间，我国年平均造林面积超过 1 亿亩。退耕还林工程造林占同期全国六大林业重点工程造林总面积的 52%，相当于再造了一个东北。据《2015 年中国统计年鉴》数据，从 2000 年到 2014 年，除 2005 年、2006 年、2007 年，中国植树造林总面积保持在每年 500 万公顷以上，其中绝大多数为人工造林，少数为飞播造林。随着森林覆盖率的提高，退耕还林地区生态状况明显改善，水土流失和风沙危害明显减轻。二是农民收入普遍增加，部分地区贫困状况开始改变。退耕还林工程涉及 25 个省区市的 2279 个县、3200 多万农户、1.24 亿农民。在 4000 多亿元的总投资中，85% 以上直接用于解决农民的生计问题和改善农民的生产生活条件。三是改变了传统农业生产方式，加快了农业结构调整和农村剩余劳动力转移。退耕还林之前，山区、沙区农民广种薄收，农业产业结构单一，许多潜力没有发挥；退耕还林后，农民播种范围和种类增加，农业、牧业带动其他产业发展，形成了农、林、牧、副、渔等一体化发展的格局。四是退耕还林不仅改善了生存条件，也使当地老百姓看到了致富的希望，思想观念也因此发生了根本性变化，生态意识明显增强。

在退耕还林获得巨大成效的同时，我国以此为经验，展开了退牧还草工程。“十一五”期间，退牧还草工程在合理布局草原围栏、配套建设舍饲棚圈和人工饲草地、提高中央投资补助比例和标准、改饲料粮补助为草原生态保护补助奖励等措施的推动下在全国范围内铺开。退牧还草工程累计投入资金 93.19 亿元，安排围栏建设任务 3253.5 万公顷，安排退化草原补播改良 1040.9 万公顷。同时，中央还对项目区实施围栏封育的牧民给予饲料粮补贴。工程惠及的 174 个县（旗、团场）、90 多万农牧户、450 多万名农牧民，取得了显著的生态、经济和社会效益。根据 2010 年农业部监测结果，退牧还草工程区平均植被覆盖度为 71%，比非工程区高出 12 个百分点，草群高度、鲜草产量和可食性鲜草产量分别比非工程区高出 37.9%、43.9% 和 49.1%。生物多样性、群落均匀性、饱和持水量、土壤有机质含量均有提高，草原涵养水源、防止水土流失、防风固沙等生态功能增强，使得“风吹草低见牛羊”的动人景象在一些地区重新出现。退牧还草工程同时还促进了草原畜牧业生产经营方式的转变，畜牧业综合生产能力明显提高。

（二）建设“两型社会”

随着我国社会的发展，生态资源对经济增长的约束越来越突出。为了保证经济“又好又快”发展，我国经济结构面临转型，即从过去“高投入、高能耗、高污染、低产出”的模式向“低投入、低能耗、低污染、高产出”转变。为支撑产业转型，十七大之后，武汉城市圈和长株潭城市群被国家确定为“两型社会”试验区，并被赋予先行先试的政策创新权。“两型社会”指资源节约型、环境友好型社会。资源节约型社会是指整个社会经济建立在节约资源的基础上，建设节约型社会的核心是节约资源，即在生产、流通、消费等各领域各环节，通过采取技术和管理等综合措施，厉行节约，不断提高资源利用效率，尽可能地减少资源消耗和环境代价满足人们日益增长的物质文化需求的发展模式。环境友好型社会指人与自然和谐共生，人类的生产和消费活动与自然生态系统协调可持续发展。“两型社会”建设的目标在于使人类的生产和消费活动与自然生态系统协调。选择中部地区为“两型社会”试验区，原因在于中部地区作为国家重要的能源产出地区，资源消耗和环境污染问题在全国范围内显得尤为突出。

“两型社会”按照国家主体功能区的要求，根据资源环境承载条件，进行科学合理开发、综合利用、集约使用资源，将中心城市发展同周边城市的腹地开发与生态保护结合起来，统筹城乡发展逐步实现区域公共服务均等化，从而破解城乡二元结构矛盾。武汉在国家政策支持下，短短几年时间内，全力推进了基础设施、产业布局、城乡建设、区域市场、环境保护的“五个一体化”，其实验和示范作用显著。

表 4－3　　我国建设“两型社会”进程表

2005 年 6 月 27 日	国务院下发《关于做好建设节约型社会近期重点工作的通知》提出建设节约型社会的指导思想、重点工作等	建设节约型社会作为实现经济增长方式的根本转变的重要策略提出
2005 年 10 月 11 日	十六届五中全会通过《中共中央关于制定国民经济和社会发展第十一个五年规划的建议》中明确提出了“建设资源节约型、环境友好型社会”	“两型社会”建设被确定为国民经济与社会发展中长期规划的一项战略任务
2006 年 3 月 14 日	十届全国人大四次会议表决通过《关于国民经济和社会发展第十一个五年规划纲要的决议》把建设资源节约型和环境友好型社会列为基本方略	建设资源节约型和环境友好型社会成为治国基本方略
2007 年 12 月 14 号	国家发改委正式批准武汉城市圈为全国综合配套改革试验区	“两型社会”实现了从战略到实践的转变
2008 年 8 月	国务院批准武汉城市圈建设总体方案	“两型社会”在实践上取得重大突破

（三）倡导绿色生活方式

绿色生活方式必然同绿色生产方式相联系。要解决生活方式的问题，必须解决生产的问题。第一，生产的水平决定着消费的水平。生产力和科技的发展程度决定着产品质量、种类产量、价格等等。现代高科技的智能化产品、便捷用品的产生都是建立在生产力水平不断累积基础上的。第二，生产方式决定了生活方式。一次性消费产品的出现跟大量生产—大量消费—大量废弃的生产方式有密切联系。只有大量消费、大量废弃才能支撑大量生产的持续进行。要避免一次性消费方式的出现，不能单纯劝慰消费者做“理智的消费者”，最关键的是要改变单纯利用资本获利的生产方式。

单从消费而言，我们要克服异化消费观，形成正确的消费观。消费是人类生存的必要手段。物质消费是人类最基本的社会实践活动，是人类从事其他社会实践活动的前提和基础。这正所谓“一切人类生存的第一个前提，也就是一切历史的第一个前提，这个前提是：人们为了能够‘创造历史’，必须能够生活。但是为了生活，首先就需要吃喝住穿以及其他一些东西。因此第一个历史活动就是生产满足这些需要的资料，即生产物质资料本身”①。但在资本主义社会，消费成为了人生存的目的。“商品拜物教”思想将人与人的关系变成赤裸裸的金钱关系。马克思的消费观指出消费不是人生存的目的，而是人生存和发展的手段。因为“在吃喝这一种消费形式中，人生产自己的身体”②。消费必须是服从于人的发展与完善这一主题的，而不是为了消费而消费，使人成为消费的机器。

人类社会要形成一种生态文明的生产观和消费观是极其必要的。生态文明的消费观提出“消费结构要合理，消费方式要有利于环境和资源保护，决不能搞脱离生产力发展水平、浪费资源的高消

---

① 《马克思恩格斯选集》第1卷，人民出版社1995年版，第78—79页。

② 《马克思恩格斯全集》第46卷（上），人民出版社1979年版，第28页。

费”[1] 的基本要求。在日常生活中，要倡导绿色消费和环保选购，尽量少用或不用一次性物品，分类包装垃圾以提高废弃物品的再利用率等等。

在实践中，我国主要从生活垃圾无害化处理、降低人均生活能源消费量等方面作出努力。2014 年，全国生活垃圾无害化处理率达到91.8%，上海、浙江、山东等发达省市无害化处理率达到100%，黑龙江、吉林、甘肃等省份情况较差，分别为 58.9%、61.9% 和 62.6%。[2] 从能源消费看，人均生活能源消费量从 80 年代至今，一直表现为上涨，但近五年来有减缓上涨的趋势。煤气的人均消费量已表现出逐年减少的趋势，煤炭和液化石油气变化不大，电力和天然气还保持着上升的态势。

表 4－4　　人均生活能源消费量[3]

年份	平均每人生活消费能源（千克标准煤）	煤炭（千克）	电力（千瓦时）	液化石油气（千克）	天然气（立方米）	煤气（立方米）
2009	264. 0	68. 5	366. 0	11. 2	13. 3	12. 5
2010	273. 0	68. 5	383. 1	10. 5	17. 0	12. 5
2011	294. 0	68. 5	418. 1	12. 0	19. 7	10. 9
2012	313. 0	69. 0	460. 4	12. 1	21. 3	10. 2
2013	335. 0	68. 0	515. 0	13. 6	23. 8	7. 9

五　基本经验

自新中国成立以来，党的几代中央领导集体在运用马克思恩格斯生态文明思想指导中国特色社会主义生态文明建设的实践中，获

① 《江泽民文选》第 1 卷，人民出版社 2002 年版，第 533 页。

② 《2015 年中国统计年鉴》（file：///C：/Users/user/Desktop/2015/中国统计 15 光盘－网页展开版 1231/indexch. htm）。

③ 同上。

得了宝贵的实践经验。这些经验有的带着时代特征，有的具有共通性，有的甚至能为其他国家生态文明建设提供借鉴。这些共通的经验主要有以下四个方面。

（一）以马克思恩格斯生态文明思想为指导

马克思主义是中国共产党和社会主义现代化建设的指导思想，马克思恩格斯生态文明思想是我国社会主义生态文明建设的指导思想。只有继承和发展马克思恩格斯生态文明思想，我们才能不断在生态文明建设的实践中形成中国特色社会主义生态文明思想。

1. 马克思主义为我国生态文明建设提供了科学的方法

恩格斯指出："马克思的整个世界观不是教义，而是方法。它提供的不是现成的教条，而是进一步研究的出发点和供这种研究使用的方法。"① 马克思恩格斯生态文明思想坚持唯物史观的基本立场，以辩证唯物主义为基本方法，运用马克思主义的批判精神，从人类文明发展历程中梳理出人与自然相异化的历史原因，从而在生产方式的变革中找到扬弃人与自然异化关系的最终途径。生态学马克思主义者运用了马克思主义的唯物史观和批判精神，强调社会生产方式的变革是生态危机解决的最终途径，进一步佐证了马克思恩格斯的生态文明思想。新中国成立以来，党的几代领导集体都坚持马克思主义的指导思想，运用马克思主义的科学方法，逐步形成了中国特色社会主义生态文明思想。中国特色社会主义生态文明思想是中国特色社会主义理论体系的重要内容，是马克思恩格斯生态文明思想在我国具体运用的实践经验总结。以马克思恩格斯生态文明思想和中国特色社会主义生态文明思想为指导，我国的生态文明建设已焕发出蓬勃生机。

2. 马克思恩格斯的生态文明思想为我国生态文明建设提供了理论指导

马克思恩格斯关于人与自然关系的思想，一是从本体论的高度

① 《马克思恩格斯选集》第 4 卷，人民出版社 1995 年版，第 742—743 页。

指出了自然界相对于人类社会的先在性、客观性，是人类社会赖以生存的物质前提，从而决定了中国特色社会主义生态文明建设要以尊重自然为前提；二是从实践论的角度论证了人与自然共同演化的思路，指出了人与自然的关系在不同的社会生产方式下的不同状态，从而为我国在中国特色社会主义制度下实现人与自然和谐相处树立了信心、指明了方向；三是从认识论的角度指出人与自然和谐相处的途径和人类文明发展的规律，从而揭示了社会主义生态文明的建设必须以此为依据，才能从必然王国走向自由王国，实现人与自然的真正和谐。

马克思恩格斯的生态文明思想已经被我国生态文明建设消化吸收，并指导我国的生态文明建设取得重大进展。在今后的生态文明建设中，我们不能脱离马克思主义的科学方法，也不能脱离马克思恩格斯生态文明思想的指导，并在实践中获取更多的实践经验和理论总结。

（二）在生产力发展中和解人与自然的关系

生态文明建设的根本途径在于透过人与自然关系的冲突，看到人与人之间的矛盾，从而着眼于改变社会生产方式、变革社会制度来解决人与人之间的矛盾，进而解决人与自然之间的矛盾。资本主义制度是孕育生态问题的温床，社会主义制度与生态问题的产生没有必然联系，但这并不意味着我国的社会主义制度是尽善尽美的，也并不意味着在我国的社会主义制度下不会有生态问题的出现。因此，如何完善社会主义制度，体现社会主义制度的优越性，是现阶段解决我国生态问题的关键。

文明进步的最终动力是生产力与生产关系的内在矛盾。生产力指人们改造自然以获得物质生活资料的能力，它表征着在生产中人与自然的关系。生态环境问题的出现是人与自然的关系在生产力发展过程中失衡的表现。从古至今，人类社会经历了社会生产活动不足以破坏生态环境的原始社会、奴隶社会和封建社会，形成了原始文明和农业文明。这一阶段，人与自然处于和谐状态。之后，人与自然的关系经历了生产力水平不断提高，人类向大自然索取能力不断增强，以获得最大化的物质资料的资本主义社会，形成了工业文明。这一阶段，人与自然关系恶化，自然资源和生态环境承载巨大压力。目前，人类正处于由工业文明步入生态文明的历史阶段。我们主动协调人与自然的关系，以求得和谐关系的回归，实现人类社会的可持续发展。从现象上看，生态环境的恶化与改善与人类文明的发展历程、工业化发展水平密切相关。本质上，推动人类社会文明发展历程和工业化发展的最终动力是生产力发展水平。因此，生态环境的先恶化后主动改善的根本动力是生产力。然而，以同样的工业化程度或文明进程为标尺，不同社会形态的国家生态环境的破坏程度及改善生态环境的愿望、措施等是有相当大差别的。这其中虽不乏自然禀赋的差异，但也包含着社会形态、社会制度差异而造成的差别。

生产关系是人类社会文明形态推进的决定性力量，这一点可以从两大历史进程来说明。第一，发达国家环境先恶化后改善的历史。从发达国家发展的历程看，他们均是在工业化后期，面临严重的生态问题后，才将先进的生产力和科学技术用于环境的改善和治理，是亡羊补牢。发达国家的生产力水平远高于发展中国家，但是在资本主义的生产方式下，他们承担的生态责任却落后于生产力发展水平。第二，中国等社会主义国家对环境的改善和保护历程。以中国为代表的社会主义国家，发展起点低，生产力水平低，物质条件迄今为止都与发达国家存在很大的差距。但是新中国成立后，生态环境保护的问题就逐渐被提上重要议程，直至成为社会主义事业“五位一体”总布局的重要内容。与发达国家相比，我国的生产力水平还远不如他们，但是对生态环境的改善却承担了更多的责任。因此，生态文明建设的动力会因为生产关系、社会制度的不同而大相径庭。在资本主义社会私有制的生产关系条件下，生态环境问题这一具有公共特征的因素是不可能得到重视的。

在社会主义制度下，发展生产力是实现生态文明的基础。生态问题是发展中的问题，要用发展的思路来解决发展中出现的问题。

纵观发达资本主义国家的生产力发展史，虽然它们的生态文明建设受社会制度所限，但是他们对本国的生态环境保护却走在了社会主义国家的前列，其重要原因就在于它们具备先进的生产力，掌握了环境保护和治理的高端科技。我国是社会主义国家，公有制是生态文明建设的基本前提，生产力的发展和科学进步的成果都用于满足人民群众日益增长的物质文化需求。保护和改善生态环境，扬弃人与自然的异化关系，便是将生产力发展和科技进步的成果用于满足人民群众日益增长的物质文化需求的具体体现。面临生态环境的问题，我国要重视并强化这方面的投入和成果转化，加快科技成果对生态文明建设的促进作用。

（三）吸收借鉴资本主义国家生态文明建设的有益经验

人与自然的协调发展是全球人民共同的价值追求。生态文明在不同的社会制度下都有其生长和发育的空间。“不同制度、不同文化的国家和人们为生态文明而作出的看似分散的努力，其实都是一个关乎人类未来的整体事业中的不可或缺的重要组成部分。”[①] 资本主义社会生态环境问题出现较早，对环境问题的治理也较早，因此，它们对生态问题的认识、为解决生态问题进行的实践，以及取得的生态文明建设的成果、经验都为实现人与自然的协调发展作出了重要的贡献。经过这些努力，发达国家生态文明已初露端倪。发达资本主义国家虽然是从纠正工业文明的偏失为出发点，但是它们为环境的保护和改善作出的努力和获得的成效却为我国建设社会主义生态文明建设提供了经验，并形成了良好的国际环境。

发达国家面临工业革命后日趋恶化的环境状况，开始着手解决环境问题，并取得了举世公认的成就，它们的经验主要表现在以下几个方面：第一，建立并完善生态环境保护法规体系。如日本在1967年制定并实施了《公害对策基本法》，明确国家和地方政府、企业和公共团体防治污染的职责、措施和基本对策，解决环境公害

① 王宏斌：《生态文明与社会主义》，中央编译出版社2011年版，第8页。

问题；1990年后，日本环境保护进入了新的阶段，并于1993年颁布和实施了《环境基本法》，同时废止了《公害对策基本法》，明确了日本环境保护的基本方针，并将污染控制、生态环境保护和自然资源保护统一纳入其中；2000年，日本政府还颁布了《建立循环型社会基本法》，旨在建立一个“最佳生产、最佳消费、最少废弃”的循环型社会形态，实现由大量生产、大量消费、大量废弃的经济型体制转向为循环型经济体制。第二，制定环境经济政策，促进生态环境保护发展。发达国家采用的环境经济政策包括征收环境税、排污收费、生态补偿、排污权交易等。第三，发展包括污染治理技术、废物利用技术和清洁生产技术在内的环境无害化技术。这三种技术大致反映了发达国家在生态环境保护方面的技术创新，从末端治理到废物利用，再到从生产源头控制污染的无废少废清洁生产技术。第四，建立生态工业园区，通过新型的工业组织形态实现较大范围内的物质循环。如丹麦卡伦堡工业园区，它的主要企业是电厂、炼油厂、制药厂和石膏板生产厂。以这四个企业为核心，互相通过贸易方式利用生产过程中产生的废弃物和副产品，作为自己生产中的原料。这种方式不仅减少了废弃物产生量和废弃物的处理费用，还产生了很好的经济效益，形成经济发展和环境保护的良性循环。第五，重视培养和提高公众的环境保护意识，规范公众行为。发达国家经验表明，只有政府、企业、社会团体和公众达成共识，携手合作，才是实现可持续发展的有效途径。例如，美国在1970年率先制定了《环境教育法》，加强对公众进行有关环境质量和生态平衡教育；日本已经形成了针对中长期目标的专业和非专业性正规教育，设立了对政府官员和企业管理人员的专门环境教育和对公众的社会性教育等，以提高各界人士对环境保护的认知水平，规范公民在工作、生产、消费和生活过程中的环境友好行为，推进全社会各阶层参与保护环境的行动。

第五章　中国特色社会主义生态文明思想发展还需解决的若干理论问题

马克思恩格斯探讨了资本主义的生态问题，提出生产方式的变革是解决生态危机的根本途径。在社会主义制度下，生态问题仍然存在，建设社会主义生态文明的任务仍然很紧迫。2012 年，党的十八大报告从“五位一体”的高度论述了生态文明建设的重要性。2013 年，十八届三中全会提出紧紧围绕“美丽中国”深化生态文明体制改革，加快生态文明的制度建设的重要内容。2015 年 3 月 24 日，中共中央政治局审议通过《关于加快推进生态文明建设的意见》，提出“协同推进新型工业化、城镇化、信息化、农业现代化和绿色化”，明确了生态文明建设的新理念。为满足实践的需要，生态文明思想的发展还需解决若干理论问题。

一　生态文明与社会主义初级阶段的契合问题

马克思恩格斯的社会理想是建立起一种优越于资本主义的社会制度，以改变人从属于物的生活方式，使人的本质和本性得以整体实现。在研究生态问题时，马克思恩格斯认为人的本性和本质要得以终极体现，就要使人与人、人与自然处于统一和谐的关系之中。只有“这种共产主义，作为完成了的自然主义 = 人道主义，而作为完成了的人道主义 = 自然主义，它是人和自然界之间、人和人之间的矛盾的真正解决”①。然而，苏联社会主义出现了生态问题，中国社会主义也存在生态问题。生态学马克思主义者安德烈·高兹用“经济理性”概括了苏联社会主义的发展模式，认为这种有计划、精心规划的“经济理性”跟资本主义经济模式一样，是与“生态理性”根本对立的。找到社会主义制度下生态问题产生的原因是实现生态文明和社会主义制度契合的关键。

（一）市场逻辑与“生态理性”的背离

1978年，邓小平提出了改革开放的伟大构想，用改革的方式破除计划经济体制对生产力的束缚。党的十四大明确提出改革的目标是建立社会主义市场经济体制。建设社会主义市场经济，就存在对资本的利用问题。社会主义对资本的利用是有据可循的。马克思认为，社会主义即使越过卡夫丁峡谷，也还得享用资本主义制度的一切肯定成果；列宁也认为，“要进行社会主义建设，我们要利用旧的资本主义世界给我们留下来的材料”②。从我国实际看，我国正处于社会主义初级阶段，这一阶段基本矛盾是人民群众日益增长的物质文化需求同落后的社会生产之间的矛盾，根本任务是不断满足人民群众日益增长的物质文化需求。此外，社会主义生态文明建设是人类文明的进步，要以相应的物质基础为前提。因此，利用资本大力发展社会生产力，使社会物质、文化生活条件得以改善既是社会主义初级阶段的根本任务，又创造着社会主义生态文明建设的物质基础。

中国正由计划经济向市场经济转轨，市场经济由于资本获利的需求，会带来一系列的外部经济效应或者外部不经济效应。环境污染是典型的外部不经济行为。企业可以利用环境外部性，将由环境造成的边际私人成本转嫁到边际社会成本中去，而无须为生产造成的环境成本埋单。企业甚至利用环境成本降低生产成本，环境污染

---

①［德］马克思：《1844年经济学哲学手稿》，人民出版社2000年版，第81页。

②《列宁全集》第36卷，人民出版社1985年版，第6页。

便成为常理。在社会主义初级阶段，如何利用资本发展生产力，又如何限制资本对生态环境的破坏，实现生产力与生态环境的协调发展是我们必须解决的理论难题。

1. 资本能为生态文明建设创造物质基础

首先，资本可以创造出强大的生产力。在《共产党宣言》中，马克思、恩格斯客观评价了资产阶级借助资本的力量所创造的物质神话。“资产阶级在它的不到一百年的阶级统治中所创造的生产力，比过去一切世代创造的全部生产力还要多，还要大。”① 马克思后来对资本的一般含义作出了解释，即：“资本作为自行增殖的价值，不仅包含着阶级关系，包含着建立在劳动作为雇佣劳动而存在的基础上的一定的社会性质。它是一种运动，是一个经过各个不同阶段的循环过程，这个过程本身又包含循环过程的三种不同形式。因此，它只能理解为运动，而不能理解为静止物”②，“在这里，价值经过不同形式，不同的运动，在其中它保存自己，同时使自己增殖，增大”③。资本不仅仅指能给资本主义社会带来剩余价值的价值，还隐含着价值由于资本的运动而达到保存自己、增殖自己目的的含义。资本保存、增殖的功能在客观上使其具备了发展生产力的能力。

社会主义初级阶段是否存在资本，是否必须利用资本，要从资本的一般含义出发。第一，社会主义初级阶段生产力的发展、财富的积累必须依赖于物质资料的扩大再生产，需要利用资本发展生产力的这种功能。第二，现阶段物质资料的扩大再生产还必须依赖于商品交换的形式和等价交换的原则，以保持生产和供求的动态平衡。第三，社会主义对资本的利用也能创造出强大的生产力。资本在资本主义社会创造出巨大的生产力，不是资本主义社会利用资本的直接动力和主观愿望，而是资本在运行过程中的客观效应。这种客观效应在社会主义国家同样存在。从社会主义的本质出发，社会

① 《马克思恩格斯选集》第1卷，人民出版社1995年版，第277页。

② ［德］马克思：《资本论》第2卷，人民出版社2004年版，第121—122页。

③ 同上书，第122页。

主义初级阶段利用资本的根本目的在于发展生产力。

其次，社会主义和资本主义对资本的利用有着本质的区别。从近期目标看，社会主义利用资本进行社会生产，其根本目的是发展生产力，不断满足人民群众日益增长的物质文化需求，与资本主义利用资本扩大再生产获取剩余价值有着本质的区别。从长远看，生产力落后的社会主义国家将与生产力发达的资本主义国家长期并存，社会主义国家可以利用资本直接吸收当今资本主义国家的一切先进成果，实现生产力的超越。在社会主义初级阶段，我国可以利用资本尽快为生态文明建设提供物质基础，以节约生态文明建设的物质成本，同时降低物质文明建设的生态代价。

2. 社会主义对资本的利用也会产生生态问题

改革开放以来，资本确实为生产力带来了巨大的增长效应，但同时也带来了与日俱增的负效应，生态问题的不断出现即是资本最明显的负效应。资本增殖的本能使它在追求利润最大化时无暇顾及资源节约和环境保护，从而使生态问题日益累积。我国虽有利用生产力改善生态环境的意识，但是由于生产力水平和科技水平低，存在着“先污染、后治理”的问题。此外，由资本全球扩张、发达国家污染产业转移带来全球性的生态问题，更加剧了发展中国家的生态压力。

社会主义制度虽与生态文明天然契合，但现实中的发展中国家在社会主义制度下却出现了更加严重的生态问题。发达资本主义国家虽不具备建设生态文明的制度优势，但是在环境改善方面的成就却比我们大，其重要原因就在于他们具备雄厚的资本为环境保护和改善提供物质基础。由此看来，在现阶段由资本带来的问题只能由资本来解决，即：充分利用资本发展生产力，消除由资本带来的生态负效应。这正如马克思所言：“资本不可遏制地追求的普遍性，在资本本身的性质上遇到了界限，这些界限在资本发展到一定阶段时，会使人们认识到资本本身就是这种趋势的最大限制，因而驱使人们利用资本本身来消灭资本。”①

① 《马克思恩格斯全集》第46卷（上），人民出版社1979年版，第393页。

3. 摆正利用资本逻辑和遵循自然规律之间的关系

资本是资本主义社会生态危机产生的根本原因，同时也是社会主义初级阶段存在生态危机的根本原因。人类要从根本上消除生态危机，就要使社会的发展超越于资本的限制。在社会主义初级阶段，我们既要依赖资本发展生产、积累财富，又要避免资本带来的负效应。经济新常态下，由于经济增速、经济发展方式、经济结构的调整，生态文明建设亦步入新常态，但经济发展的程度还远没有达到将自然资源和生态环境要素提高到优于资本要素的地步。在经济增长与生态保护的关系上，只要经济增长还没达到一定水平，生态环境保护就不可能对经济增长取得压倒性的优势。

如何既利用资本又限制资本，在利用和限制之间找到平衡点是社会主义初级阶段生态文明建设的关键。在现有状况下，如何能处理好生产和自然资源、环境之间的矛盾？陈学明提出了要实施"以生态导向的现代化"，使生态文明建成之时成为资本被完全超越之日。他还从方法论的角度提出了超越资本的过程，认为不能等到资本的合理性完全丧失殆尽再去考虑超越资本。正如异化的生成与异化的摒弃是同一个历史过程，资本的利用与资本的超越也是同一历史过程。[①]这个过程是利用资本发展生产力和利用资本建设生态文明的统一。

国家实施的战略、采取的措施要摆正利用资本逻辑和遵循自然规律之间的关系。我们只有坚持以辩证的态度看待资本，才能在利用资本、限制资本的过程中超越资本，让资本在社会主义生态文明建设中发挥出最大的作用。

（二）社会主义制度对生态科技的利用

在人与自然的关系问题上，人类对科学技术作用的认识既有过悲观情绪，又有过乐观情绪。科学技术是中立的，它在人类社会发展中起什么样的作用，取决于科学技术利用的主体。科学技术是第

① 陈学明：《生态文明论》，重庆出版社 2008 年版，第 62—63 页。

一生产力。在社会主义制度下，如何利用科学技术保护和改善环境，取决于社会主义价值目标与科学技术的融合。

1. 科学技术决定论及其困境

在资本主义社会，生态危机随着工业化进程的推进而出现。因此，西方学者容易将生态问题的原因归结于工业技术的发展。美国生态学家卡逊出版的《寂静的春天》拉开了西方学者对资本主义生态危机纯科学技术批判的序幕，也开启了绿色理论探索的新征程。卡逊在《寂静的春天》中将生态环境的毁灭性破坏归结于农药、杀虫剂等的大量使用，从而引起了舒马赫等对“中间技术”的探讨。巴里·康芒纳等学者甚至认为现代科学技术“是一个经济上的胜利——但它也是一个生态学上的失败”[①]。因此，绿色环境理论提出了通过积极或消极的对待科学技术解决生态危机的思路。

根据对技术和工业的批判程度，绿色环境理论可分为“浅绿色”和“深绿色”两种类型。“浅绿色”理论对技术持乐观主义态度。它一方面批判现有的技术，另一方面又寄希望于新技术，认为人类可以通过科学技术的进步解决资本主义的能源危机和环境灾难。“深绿色”理论对技术持悲观主义态度。它认为科学技术可以解决某个具体的能源问题或者环境问题，但是不可能从根本上解决现代工业社会日趋严重的能源危机和生态环境灾难。生态环境的灾难中所凸显的技术问题是现代工业社会的运行机制问题，只有对现代工业社会和人类自身价值观念进行彻底的改造，才能够从总体上解决人类面临的生态环境问题。[②]“深绿色”理论将生态环境的改善寄希望于推翻工业社会，建立新的经济和社会秩序，甚至提出“回到自然中”的倒退口号。

无论是“深绿色”还是“浅绿色”理论，都仅仅从技术层面寻找生态问题产生的原因。在解决问题的思路上，技术主义不可能从生产方式和社会制度的层面去寻求答案。因此，“绿色理论”的

---

① ［美］巴里·康芒纳：《封闭的循环——自然、人和技术》，侯文蕙译，吉林人民出版社1997年版，第120页。

② 刘仁胜：《生态马克思主义概论》，中央编译出版社2007年版，第17页。

兴起只不过是“一种对环境难题的管理性方法，确信它们可以在不需要根本改变目前的价值或生产与生活方式的情况下得以解决”①，其实质是资产阶级理论家在资本主义制度框架内对环境的改良。

生态环境问题上的科学技术决定论影响了西方马克思主义法兰克福学派及生态学马克思主义的一些学者，但是他们继承了马克思主义将科学技术置于社会背景之中加以考察的传统，将生态危机理解为资本主义通过科学技术对自然和人类进行双重控制的必然结果。科学技术尤其技术是作为工具而存在的，具有中立的特征。科学技术的价值取决于运用科学技术的主体。科学技术促进了人类社会生产力的巨大发展，但对科学技术不恰当的运用也为人类社会带来了巨大的负面效应。

2. 科学技术的资本主义利用及其生态负效应

马克思恩格斯看到了科学技术给人类社会带来的众多负效应，甚至巨大的灾难。他们指出科技使工人成为机器的附庸，因为“变得空虚了的单个机器工人的局部技巧，在科学面前，在巨大的自然力面前，在社会的群众性劳动面前，作为微不足道的附属品而消失了”②。他们描述了科学技术在资本主义生产方式下的扭曲形态。资本主义使科学技术这一原本解放工人的手段反而成为奴役、压迫工人，甚至使工人异化存在的工具。在脱离道德约束后，科学技术的危险性便表现出来。

在对技术的使用上，生态学马克思主义者马尔库塞、哈贝马斯、高兹等深刻揭露了资本主义对技术的使用导致了技术异化的事实。马尔库塞认为，传统观念认为科学技术具有工具价值，是中立的。然而，在发达工业社会中，技术“中立性”的传统概念不再能够维持，因为“技术本身不能独立于对它的使用；这种技术社会是

① ［英］安德鲁·多布森：《绿色政治思想》，郇庆治译，山东大学出版社 2005 年版，第 2 页。

② ［德］马克思：《资本论》第 1 卷，人民出版社 2004 年版，第 487 页。

一个统治系统，这个系统在技术的概念和解构中已经起着作用”①。哈贝马斯认为在晚期资本主义发展的趋势中，国家干预主义以及科学和技术之间的依赖关系，导致科学技术成为政治统治的合法性基础。科学技术不只是第一生产力，而且具备了“一种辩护的功能”。② 在高兹看来，资本主义国家在应对能源危机、生态环境危机时技术选择是有政治倾向性的，科学技术并不是中立的。它反映了人与人、人与社会以及人与自然环境的关系。因为资本主义只发展那些与其逻辑相一致的科学技术，这样，这些技术就与资本主义的持续统治相一致了。③ 资本主义生产的目的和原则决定了不可能按照“生态理性”使用技术。在资本主义私有制下，资源、环境是大自然的馈赠，可以通过技术以私有的形式被占有。资产阶级企图控制自然获得生产前提，人与自然环境以及人与人之间为满足他们的需要而进行着斗争。冲突加剧后，又陷入追求新技术以进行人与人之间新的政治控制。因此，科学技术本身是人用于控制自然的工具，但人反而成为技术的奴隶。④

恩格斯在《自然辩证法》中提醒人类不要过分陶醉于对自然界的胜利。人类20世纪以来的生态危机不幸被他言中。人类社会通过技术置自然界于人的对立面。技术的使用以满足制度的需求为目的，自然环境成为人类社会价值实现的牺牲品。由于科学技术突飞猛进，人类甚至能通过技术参与自然界的演化，不断挑战生态修复和自然平衡的极限。雾霾、酸雨、沙尘暴、资源枯竭是人类通过技术征服自然的后果，这些后果严重影响着人类的生存和繁衍。

3. 科学技术是第一生产力

科学技术促进了生产力的巨大进步，使人类社会喊出了“科学

① ［美］赫伯特·马尔库塞：《单向度的人》，上海世纪出版集团2008年版，导言第6页。

② 衣俊卿：《西方马克思主义概论》，北京大学出版社2008年版，第219页。

③ 解保军：《生态学马克思主义名著导读》，哈尔滨工业大学出版社2014年版，第41页。

④ ［加］威廉·莱斯：《自然的控制》，重庆出版社1993年版，第122页。

技术是第一生产力”的时代强音。马克思恩格斯十分关注科技对社会的推动作用。恩格斯曾指出：“在马克思看来，科学是一种在历史上起推动作用的、革命的力量。任何一门理论科学中的每一个新发现——它的实际应用也许还根本无法预见——都使马克思感到衷心喜悦，而当他看到那种对工业、对一般历史发展立即产生革命性影响的发现的时候，他的喜悦就非同寻常了。”① 马克思看到了资本主义运用科技，使资本主义的生产出现了划时代的变革，指出“随着大工业的发展，现实财富的创造较少地取决于劳动时间和已费的劳动量，……相反地却取决于一般的科学水平和技术进步，或者说取决于科学在生产上的应用”②。科学技术的发展，促使人与自然的关系发生了本质的变化，使人从被自然界奴役和压迫的状态转变为人按照自己的意识利用自然资源和环境的状态。因此，马克思得出“现代科技和现代工业一起变革了整个自然界，结束了人们对于自然界的幼稚态度和其他幼稚行为”③ 的结论。

4. 运用科学技术保护和改善环境

科学技术是第一生产力阐明了科学技术在推动社会发展过程中的重要作用。但是，科学技术没有主体性，只具有客体价值。其价值的发挥和价值的大小取决于发明和使用科学技术的人。因此，科学技术是一把双刃剑，合理利用能推动生产力的发展，不合理利用也可能带来社会问题。科学技术的生态负效应正是由于科技的发明和运用违背自然规律，并扭曲自然进程，造成与日俱增的、难以逆转甚至不可逆转的生态环境问题，如核技术和生物工程技术的广泛应用对人类社会带来的生存威胁等。因此，盲目崇拜科学技术，只强调科学技术创造物质财富的观点是片面的；但是，为保持生态平衡，人为阻碍科学技术对社会生产的促进作用更加片面，甚至是反动和倒退的。如何让中性的科学技术成为改善生态环境的工具，是科技在生态文明建设中发挥作用的关键。

---

① 《马克思恩格斯选集》第 3 卷，人民出版社 1995 年版，第 777 页。
② 《马克思恩格斯全集》第 46 卷（下），人民出版社 1980 年版，第 217 页。
③ 《马克思恩格斯全集》第 7 卷，人民出版社 1959 年版，第 241 页。

科学技术的运用，可以降低生产和消费过程中的能源消耗和环境污染。马克思曾指出：“要探索整个自然界，以便发现物的新的有用属性……采用新的方式（人工的）加工自然物，以便赋予它们以新的使用价值……要从一切方面去探索地球，以便发现新的有用物和原有物体的新的使用属性……因此，要把自然科学发展到它的顶点。”① 他颇有前瞻性地提出了要利用新的科学技术手段加强对自然界的探索，以更多的自然物的使用价值的出现来填补自然资源的消耗。

但是从目前来看，人类科学技术的发展还存在很大的局限性。恩格斯指出到目前为止的全部科技历史，可以称之为从实际发现机械运动转化为热到发现热转化为机械运动的历史。就目前人类对自然的改造而言，绝大多数领域还没能达到自由实践的阶段，更谈不上对全球自然的自由实践。受科技发展程度所限，人类无法认识自然界的全部规律，或者说人类仅仅利用科技满足眼前的、个别的利益，使人与自然的关系不能达到和谐状态。

有的学者提出文明的转向依赖于科技的转向，即科技的生态学转向。所谓科技的生态学转向，就是要“经常地走向荒野、森林、山脉、河流、湿地、田间等地，去亲近自然、观察自然、叩问自然，以努力发现人与自然协同进化的路径（‘道’），从而帮助人们理解什么是正确的生活方式（‘道’的另一种意义）。生态学、环境科学、复杂性理论、耗散结构论等学科（或科学）的兴起就标志着科学的生态学转向”②。对于中国而言，“可持续发展是现代化的永恒主题，人类文明进步呼唤着可持续发展和新科技革命，中国面临重大机遇和严峻挑战。我们要依靠科学技术实现中国可持续发展，依靠科学技术形成少投入、多产出的生产方式和少排放、多利用的消费模式，走出一条生产发展、生活富裕、生态良好的新型工

---

① 《马克思恩格斯全集》第46卷（上），人民出版社1979年版，第392页。

② 卢风：《生态文明与新科技》，《科学技术哲学研究》2011年第4期。

业化和城镇化道路。”①

二 工业文明建设与生态文明建设的关系问题

人类文明历程可依次划分为原始文明、农业文明、工业文明和生态文明四大阶段。按照人类社会发展的大体轨迹，四大文明依次交替。当前，人类文明正处于工业文明与生态文明的交替中。我国尚未实现工业文明，但人类文明更替的进程和我国生态环境的现状加剧了生态文明建设的紧迫性。如何处理工业文明建设和生态文明建设的关系，直接影响到我国文明发展的历史进程。

（一）中国的文明进程

人类文明的进程正由工业文明向生态文明演进。我国工业化任务尚未完成，又面临生态文明建设的历史任务。认清我国工业文明的历史进程和生态文明建设的历史任务，是构建起两个文明良性互动局面的基本前提。

1. 中国正处于工业化中后期

社会主义生态文明建设目标的提出，既是迫于国内外生态环境的压力，又是顺应人类文明发展的历史潮流。发达国家于19世纪末至20世纪中期，纷纷完成了工业化，并在生态文明建设的实践中形成了宝贵经验。我国现在还处于工业化中期，与发达国家相比还有较大的差距。通过国内学者测算，从人均GDP看，中国处于工业化进程中的中期第一阶段；从非农产业产值比重指标看，已越过工业化中期阶段；从非农产业就业的比重看，还未达到钱纳里模型工业化中期第一阶段；从工业结构看，仍然处于重化工业比重不断提高的阶段。② 还有学者借鉴国外有关工业化阶段理论的指标体

① 温家宝：《让科技引领中国可持续发展》，《中国科学院院刊》2010年第25卷第1期。

② 龚绍东：《现阶段中国工业化进程和新型工业化发展状况》，《企业活力》2008年第3期。

系，提出他们自己的衡量指标体系。他们计算出的“工业化指数”表明，1995 年至今，我国处于工业化中期阶段。① 国家统计局发布信息称，中国总体处于工业化中期阶段，离完成工业化还有相当长的路要走。我国在七届二中全会提出将农业国转变为工业国的目标。社会主义改造以工业化为主体，三大改造为两翼，为建立独立完整的工业体系奠定了基础。自 1978 年改革开放以来，我国开启了工业化、现代化的新征程。从工业化进程看，我国与发达国家的差距在 100 年以上。这种差距加剧了推进我国工业文明进程紧迫感，如不加快工业化的脚步，我们将被排挤在人类文明进程的历史洪流之外。

2. 生态文明建设同发达国家相比还有很大差距

除了完成工业化，我国生态文明建设的任务十分紧迫。发达国家在完成工业化任务后，开始重视生态环境与经济增长的辩证关系，并形成了各国特有的生态文明建设经验，如欧盟重视构筑环境堡垒，通过制定严格的、强制性的法律和标准等限制性措施来防止环境污染，进行生态治理；美国通过环保政治运动走上了环保政治型生态发展道路；日本则通过环境优势走上了环保外交型生态发展道路。除了这些差距，我们还应清醒地看到，中国在快速的经济增长中，面临的生态环境约束比任何一个大国在工业化过程中所遇到的问题都要严峻。我国生态环境面临先天不足、后天失调及加速实现工业化和城市化的双重压力。虽然我国一直在进行生态文明建设，但是生态文明作为明确的目标提出却只有短短几年时间。目前，我国生态文明建设的特征不够明显，系统性不强，跟发达国家相比各方面都还存在很大的差距。

（二）“两个文明”建设的相互依存

人类经历了漫长的原始文明、农业文明和工业文明。原始文明

① 朱敏：《基于工业化指数的我国工业化进程判断》，《中国经济时报》，2010 年 3 月 24 日。

和农业文明时期，人类对自然界的一切利用甚至破坏都在自然界的承载范围内，不足以破坏人与自然的稳定关系。自进入工业文明以来，生态问题逐渐出现，集中表现在资源稀缺和环境污染上。环境库兹涅茨曲线表明，生态环境的破坏是资本主义国家工业化的负产物，只有在工业化达到一定程度后，生态环境才趋于改善。发达国家率先利用资源和环境的相对优势完成了工业化，顺利过渡到生态环境改善期。以中国为代表的发展中国家不仅尚未完成工业化任务，而且还面临着生态失衡的压力。我国如果坚持走发达国家“先污染、后治理”的老路，将造成不可逆的生态失衡，甚至造成严重的生态危机，不仅为工业化制造生态瓶颈，而且会危及我们的生存环境。如何突破生态环境的发展瓶颈，找到一条通往生态文明的科学途径，成为我国现代化建设的当务之急。

1. 放弃工业文明，直接进入生态文明是文明的倒退

文明是指人类所创造的财富的总和，也指社会发展到较高阶段表现出来的状态。文明所表现出来的进步状态是社会物质、精神财富累积的质变。从历史发展的客观规律看，原始文明、农业文明、工业文明和生态文明前后相继，前一种文明为后一种文明提供基础，后一种文明在前一种文明的基础上发展。因此，能否实现文明的跨越涉及两个问题。

首先，生态文明要在工业文明创造的物质财富和精神财富基础上实现。生态文明包含两层含义。它首先是一种文明形态，体现着社会的全面进步，物质和精神的财富较工业文明时期更为丰富。在人与自然关系的处理上，生态文明反对工业文明时期人与自然的对立关系，表现为主动谋求人与自然的和谐。生态文明表现出对工业文明的延续，需要以工业文明条件下达到的物质、技术条件为基础，需要对工业文明时代发展模式作出科学反思，还需要对社会制度作出科学思考等。因此，工业文明是生态文明的前提和基础，为生态文明的实现提供物质条件；生态文明是建立在工业文明创造的物质基础之上的新阶段。我们绝不能只看到工业文明对人与自然关系的破坏而全盘否定工业文明的成果。科学的态度是既要看到工业文明的局限性，又必须正视、利用它对发展生态文明的基础作用。

其次，跨越了工业文明的生态文明实质是倒退。跨越工业文明，直接进入生态文明，目的是想解决工业文明时期出现的生态问题，实现人与自然的和谐统一。人与自然的和谐不仅仅出现在生态文明时代。在原始文明和农业文明时代，人与自然关系也处于和谐状态。但是，人与自然在不同时期的和谐却有着本质区别。第一，文明发展的程度不同。原始文明和农业文明时期，人与自然关系的和谐建立在物质、精神财富极度贫乏基础上；生态文明时期，人与自然关系的和谐是建立在物质、精神财富极为丰富基础之上。第二，原始文明、农业文明下人与自然的和谐以人对自然的利用能力不超过自然界的承载力为前提，是自然界主宰的被动和谐。生态文明强调的人与自然的和谐是经历了工业文明的不和谐状态后，人发挥主观能动性创造的和谐，是自觉的和谐。前者较少体现人类社会改造自然的成效，而后者是人类社会实践能力的重要体现。

人类创造历史是在十分确定的前提和条件下进行的，其中经济前提归根到底是决定性的。跨越了工业文明的生态文明，难以体现出社会物质文化进步的状态，是文明的倒退。在缺乏保护和改善环境的物质基础时，实现人与自然的和谐只能约束人的主观能动性，以牺牲经济社会的发展为代价保护生态环境。生态文明作为一种新的文明形态，体现着人类社会的发展过程和结果，它必然是继承了工业文明的一切积极成果而又自觉避免了工业文明一切弊端的更高级的、更复杂的文明。忽略工业文明发展成果不仅是倒退的，甚至是反人类的。总之，发展是解决我国所有问题的关键。生态问题是发展中出现的问题，要依赖于发展而解决。通过阻碍社会发展，达到保护生态环境的目的是生态文明建设最大的误区。

2. 先实现工业文明，再建设生态文明不符合中国社会主义初级阶段的基本国情

21 世纪的工业文明呈现出从兴盛走向衰败的种种迹象，生态危机的出现即是工业文明失去主导地位的重要表现。但是，工业文明仍会在 21 世纪持续发展，其原因主要有二：第一，从全球范围看，工业化发展极不平衡，虽有少数国家已具备了发达的工业体系，但仍有大量的国家尚未开始工业化或尚未完全实现工业化。因此，工业文明仍会在很大的时空中持续发展。第二，工业文明的生命力尚未耗尽，还有进一步开拓的余地，仍会有一些新兴的工业技术和工业部门产生出来。总之，“自然向工业文明的挑战还未达到极限，人类的应战还未完全跳出工业文明的框架而去开拓新文明”①。

工业文明的发展还有广阔的空间，人类是否要整体实现了工业文明，才能建设生态文明？人类社会由低级向高级发展是社会发展的必然规律。人类社会从原始文明、农业文明、工业文明到生态文明正是体现了这一规律的作用。发达国家走的是先完成工业化再进行生态文明建设的道路，使工业文明和生态文明表现出历时性的关系。这种历时性的关系遵循了人类文明发展一般规律。发达国家工业化的客观历史事实也告诉我们，发达的工业文明是生态文明建设的物质基础和条件。虽然生态文明建设要以工业文明为基础，但工业文明和生态文明历时发展的道路却不符合我国社会主义初级阶段的基本国情。一方面，人类文明的转型给我们带来巨大的压力；另一方面，我国环境、资源的状况以及生态问题面临的国际压力也不允许我们走“一般道路”。对于处在社会主义初级阶段的中国，我们既需要快速实现工业文明，又需要加快生态文明建设。

（三）“两个文明”历时向共时的转化

生态文明建设需要工业文明创造的物质条件。工业文明与生态文明的历时性发展是人类文明演进的一般途径，但这一一般途径不适用于我国。像中国这样既面临工业化任务，又面临脆弱的生态环境和强大的生态国际压力的发展中国家必须正确处理工业文明和生态文明建设的关系。

---

① 韩民青：《21世纪的全球文明走向》，《哲学研究》2000年第11期。

1. 工业文明与生态文明良性互动的依据

人类文明由低级走向高级。首先，我们要遵循从工业文明过渡到生态文明的一般规律。生态文明不是要脱离人类文明的大道而独辟蹊径，而是要继承和保留工业文明的优秀成果，并弥补工业文明的缺失和不足。其次，工业文明同生态文明之间的历时性关系可以有特殊的形式。历史唯物主义强调"世界历史发展的一般规律，不仅丝毫不排斥个别发展阶段在发展的形式或顺序上表现出特殊性，反而是以此为前提的"①。

发达国家"先污染、后治理"的模式是一种先实现工业文明，再建设生态文明，两种文明形态历时发展的道路。我国从基本国情出发，在工业文明尚未实现时就提出建设生态文明的任务，并按照生态文明的要求发展工业文明，努力形成两种文明形态共时发展的道路。这条道路的选择既符合矛盾普遍性与特殊性的辩证关系，又符合中国的基本国情。因此，将生态文明作为中国特色社会主义的基本内容在社会主义初级阶段提出，变工业文明和生态文明的历时发展为共时发展，是中国特色社会主义的文明发展模式。

处于工业化进程中生态脆弱的发展中国家，既需要工业文明的物质和精神财富，又要保护生态环境，控制日益恶化的生态状况。实现工业文明和生态文明的良性互动，我们既利用工业文明的成果为生态文明建设提供经济基础和物质前提，又运用生态文明的发展思路将工业化向绿色方向推进，从而达到在生产发展中优化环境，在环境优化中实现生产发展的良好效果。在经济全球化时代，各国资源在全球范围内配置。我国要抓住经济全球化的历史机遇，充分发挥后发优势，利用发达国家工业文明建设的成果和经验为我国生态文明建设提供服务，使中国工业化朝着生态化的目标迈进，使生态文明的理想包含工业文明的目标，实现工业文明与生态文明的良性互动。

---

① 《列宁选集》第4卷，人民出版社1995年版，第776页。

2. 工业文明与生态文明良性互动的实践

在中国特色社会主义建设实践中，将工业文明与生态文明的历时性关系转变为共时性关系，在实现工业文明的过程中实现生态文明，形成工业文明和生态文明的良性互动是我国生态文明建设的重要特征。在国家发展战略层面，我国早在2002年11月党的十六大报告中指出，坚持以信息化带动工业化，以工业化促进信息化，走出一条科技含量高、经济效益好、资源消耗低、环境污染少、人力资源优势得到充分发挥的新型工业化道路。在转变经济增长方式的具体途径上，党在2003年的十六届三中全会中提出要将循环经济理念作为发展理念，2007年党的十七大将循环经济作为实现生态文明的手段。我国于2009年开始实施《循环经济促进法》。2015年，党的十八届五中全会提出“创新、协调、开放、共享”的发展理念，“绿色化”继新型工业化、城镇化、农业现代化之后成为国家新的发展战略。这些发展思路是在反思发达国家工业化过程中出现生态问题，并借鉴它们治理生态问题的相关经验基础上提出的，表达了我国要在工业化过程中建设社会主义生态文明的决心。

生态环境与社会发展的辩证关系是客观存在的，关键在于科学运用这一辩证关系，解决我国目前存在的经济增长与环境污染的矛盾，以形成经济增长促进生态环境保护，生态环境改善促进经济增长的良性循环。国内学者通过测度地区工业的静态环境绩效和动态环境绩效，得出中国各省工业环境绩效与工业发展水平之间没有明显的相关关系的结论。[①] 我国要主动运用生态环境质量与社会发展的辩证关系，利用经济增长对环境质量改善的有利因素，找到一种主动保护和改善环境的社会经济发展模式。

国内学者通过研究中国各省份的生态效率，得出在工业生产中采用新技术是我国各地区提高生态效率，实现在生产中少投入自然资源，少排放污染物的关键。这些研究测算了中国大陆31个省的

① 杨文举：《中国地区工业的动态环境绩效：基于DEA的经验分析》，《数量经济技术经济研究》2009年第6期。

生态效率，得出两个结论：一是，中国各省工业生态效率普遍偏低，而且省际差异大。以 2007 年为例，中国大陆 31 个省份中，工业生态效率的平均值仅为 0.45，生态效率高于平均值 0.45 的省份仅 1/3 强，有近半数省份的生态效率不足 0.30；二是，各省的工业生态效率都是相对于国内那些有效使用"最佳实践技术"的省份而言的相对生态效率，生态效率较低的省份大多没有使用或没有充分利用那些"最佳实践技术"，它们具有较大潜力去改进生产活动。①

三　生态文明建设全面融入"四大"建设体系的问题

党的十八大报告把生态文明建设纳入中国特色社会主义事业"五位一体"总布局，并强调将生态文明融入经济建设、政治建设、文化建设、社会建设各方面和全过程。在全面建成小康社会的阶段，我国将更加注重经济、政治、文化、社会、生态的全面推进。

（一）中国特色社会主义文明结构理论的构建

中国特色社会主义文明结构理论以马克思主义社会结构理论为基础，从生产力和生产关系、经济基础和上层建筑两对基本矛盾出发，经历了"以经济建设为中心"到"五位一体"总布局的演变。人与自然的关系既以生产力发展的方式在社会结构的宏观层面体现，又以生态文明的方式在文明结构的中观层次体现。

1. 马克思主义社会结构理论

马克思主义社会结构理论是历史唯物主义的重要理论构架。马克思在宏观层面形成了人与自然关系的构架，并从人从事生产活动，形成的人与自然的关系中派生出经济、政治、文化和社会关

① 杨文举：《基于 DEA 的生态效率测度——以中国各省的工业为例》，《科学、经济、社会》2009 年第 3 期。

系，代表人类生产生活的四大领域。

在马克思看来，社会结构是关系性结构。在《共产党宣言》中，马克思恩格斯提到“每一历史时代主要的经济生产方式和交换方式以及必然由此产生的社会结构，是该时代政治的和精神的历史所赖以确立的基础”①，强调了经济关系在社会结构中起到的决定性作用。经济是由生产决定的，并为生产服务。经济对政治、文化、社会的发展具有基础性作用；政治和文化以社会意识形态的方式对经济发挥能动的反作用。社会的发展、变革由生产方式决定。有学者从生产力、生产关系，经济基础、上层建筑的矛盾中描述了马克思主义社会结构理论。“生产关系的总和，即人类组织社会生产及使用工具的方式，构成了社会的真正基础；在此基础上，出现了法律和政治上层建筑，并形成了与此基础相适应的一定的意识形态。因此，人类进行基本生活资料生产的方式决定了人类整个社会的、政治的和精神的生活。但是，在人类发展的一定阶段，生产力的发展会超过生产关系。这时，生产关系就会成为生产力发展的桎梏。这样的阶段就会开创一个社会革命的时期。只有当这些生产力在现存生产关系下发展到了尽可能充分的程度，旧的社会秩序才会崩溃。”②

2. 生态文明建设在中国特色社会主义文明结构中的地位

马克思主义社会结构理论是经济、政治、文化和社会“四位一体”的。中国将生态文明建设列入“五位一体”总布局，是对马克思主义社会结构理论的继承和发展。生态文明建设战略地位的提高，是基于我国社会主义初级阶段的生态国情，体现了党和国家的生态自觉。

从经济与生态的关系看，经济发展为生态文明建设提供物质基础，生态发展为经济发展提供生态支撑。从政治与生态的关系看，生态环境是民生问题，同时也是影响国家间关系的敏感话题。从生

① 《马克思恩格斯选集》第1卷，人民出版社1995年版，第252页。

② ［英］戴维·麦克莱伦：《马克思以后的马克思主义》，王珍译，中国人民大学出版社2008年版，第1—2页。

态与文化的关系看，日益强烈的公民生态意识标志着公众环境觉悟的提升，建设生态文明成为公民共同的生存需求和价值选择。从生态与社会的关系看，随着生态环境问题的出现，生态问题成为民生问题。建设生态文明是实现社会和谐的重要途径。“五位一体”总布局缺少任何一个内容，都会影响全面建成小康社会目标的实现，还会进一步影响社会主义现代化建设的成效。没有生态文明建设，经济、政治、文化、社会建设将会缺乏生态基础，陷入困境。

3. 中国特色社会主义文明结构构建的原则

中国特色社会主义文明结构是经济、政治、文化、社会、生态“五位一体”的，是对马克思主义文明结构理论的具体运用。由于经济、政治、文化、社会、生态五种因素在社会发展中的作用各不相同又相互关联，因此，处理好其中的关系要贯穿“以人为本”的理念，并坚持和谐发展、整体发展的原则。

（1）“以人为本”的理念

实现人的自由而全面发展是马克思主义理论的价值归属。“以人为本”是体现人的主体地位、中心地位的重要理念。社会主义生态文明建设以科学发展观为指导。“以人为本”是科学发展观的核心。经济、政治、文化、社会、生态发展的主体是人，而发展的最终目的和归属也是人。最大限度地实现人类自身的利益，是我国社会主义生态文明建设的归宿。“全面协调可持续”是科学发展观的基本要求，体现了社会这一系统发展的整体性、关联性、自组织性和动态复杂性等。因此，在社会主义生态文明建设的过程中，我们绝不能将生态问题理解为单纯的技术问题或环境发展问题。科学发展观指导下的社会主义生态文明建设，要将“以人为本”的理念贯穿于保护生态环境——促进人与自然协调发展——推进人的自由而全面发展的始终，体现在物质文明、精神文明、政治文明、社会文明和生态文明整体发展的思路中，并使全人类生产方式、伦理模式及全球秩序服务于“以人为本”的发展理念。

（2）和谐发展原则

和谐发展在社会主义生态文明建设中至少有两方面的含义：首

先，要实现生态发展与政治、经济、文化、社会发展的和谐。生态发展与人类社会经济、政治、文化、社会发展是对立统一的，其统一性表现为生态环境为其他方面的发展提供自然条件和物质基础，人类掌握自然规律，并将人类文明的成果用于保护和改善生态环境；其对立性表现在人类肆意掠取自然资源，不计发展的环境代价，将发展和进步建立在环境巨大的牺牲和代价之上，最终遭到自然界的报复，社会的发展也遭受生态约束。良好的生态环境为人类社会从原始文明走向农业文明、工业文明提供了自然条件和物质基础。然而，自资本主义国家开始迈向工业文明后，对自然环境征服、支配导致环境问题甚至环境危机的产生。为缓和人类发展和生态问题的矛盾，人类社会主动掌握自然规律，利用经济、政治、文化和社会发展的文明成果改善生态环境，实现与生态环境可持续发展，迈向生态文明。可见，生态发展与经济、政治、文化和社会的发展相互依赖、相互制约。

人与自然的和谐统一的实现是有条件的。第一，两者和谐共生的前提是要把人类社会的发展控制在生态系统承载范围内，实现经济系统与生态系统的良性互动。人类社会在发展的过程中，要始终看到生态环境的可持续发展是人类社会可持续发展的前提，要尊重自然界的生存权与发展权，避免“个人中心主义”思想的泛滥。在处理人与自然关系的过程中也要避免矫枉过正的“生态中心主义”倾向。人与自然和谐进化、共同发展才是人类的最高价值追求。第二，要将人类经济、政治、文化和社会发展的成果用于保护和改善生态环境，如认识自然规律、提高资源利用率、整治环境、开发再生能源、通过技术进步逐步减少对枯竭型资源的依赖等。

（3）整体发展原则

整体发展是将集体主义的精神和原则运用到人类社会共同利益之中的发展理念。在利益层次方面，可以将利益划分为个人利益、集团利益、国家利益和人类利益。在这个意义上，生态文明建设属于人类整体利益。不同层次的利益之间是存在矛盾的。因为不同的利益主体有不同的利益诉求，导致利益主体首先关注自身的利益而忽视其他主体的利益，甚至损害到更高层次的利益。要消除这种矛盾，必须将整体发展观贯穿于整个人类社会，使人类社会成为统一的利益主体。现代社会提出的系统论思想将人、其他生物、自然环境视为一个系统，并提出人与自然和谐共生、共同发展的系统目标。马克思恩格斯将人、自然、社会看作一个复杂整体的思想与现代系统论观点契合。他们认为人类社会是自然界长期发展的产物，是整个自然发展的高级阶段。人类社会不是个体的机械组合和社会生活条件的简单相加，而是由人通过实践活动构筑起来的，由人和一切社会生活的条件构成的相互联系、相互依存、相互制约的有机整体。这一有机整体不仅包含着生产力、生产关系、经济基础、上层建筑及其他一切社会要素，而且包含着生产力和生产关系、经济基础和上层建筑的对立统一及由其矛盾产生的社会推动力。因此，社会这一有机组织是既有静态关联性，又有动态复杂性的高级系统。

生产力与生产关系、经济基础与上层建筑是人类社会发展的两对基本矛盾，存在于任何社会形态中。生产力体现了人与自然之间的关系，生产关系是表达了人在处理与自然关系中形成的经济关系，上层建筑反映了人类社会的政治、文化和社会关系。因此，人类社会的两对基本矛盾体现了经济、政治、文化、社会和生态之间的相互关系。中国特色社会主义“五位一体”的整体发展是对两对基本矛盾的整体运用。

（二）“五位一体”总布局中各部分功能的发挥

中国特色社会主义既要体现社会主义的本质，又要区别于传统的社会主义和教条式的社会主义，在发展模式上还要区别于资本主义国家。我国要营造“五个文明”相互促进、共同发展的良好局面，必须坚持以下几点。

1. 将“五个文明”作为一个整体共同发展

日益恶化的生态环境是我国建设社会主义生态文明的现实动机，在“五位一体”社会主义事业总体布局下，我国强调物质文明、精神文明、政治文明、社会文明和生态文明“五个文明”建设，使它们共同构成我国社会主义的文明结构。唯物史观认为，整个社会系统是由生产力、生产关系，经济基础、上层建筑等基本要素构成的具有复杂结构的有机整体。这些基本要素以生产力的决定作用为前提，相互联系、相互作用，共同推动整个社会有机体的运动、变化和发展。从这个意义上说，中国特色社会主义的发展过程是经济、政治、文化、社会和生态等各个方面互相促进的过程，是社会的物质文明、政治文明、精神文明、社会文明、生态文明共同发展的过程。胡锦涛在党的十七大报告中强调，要按照中国特色社会主义事业总体布局，全面推进经济建设、政治建设、文化建设、社会建设，促进现代化建设各个环节、各个方面相协调，促进生产关系与生产力、上层建筑与经济基础相协调。坚持生产发展、生活富裕、生态良好的文明发展道路，建设资源节约型、环境友好型社会，实现速度和结构质量效益相统一、经济发展与人口资源环境相协调，使人民在良好生态环境中生产生活，实现经济社会永续发展。

物质文明、政治文明、精神文明、社会文明和生态文明作为中国特色社会主义文明体系的构成要素，它们之间不是彼此分离的，而是辩证联系的统一整体。物质文明为“五个文明”系统提供物质条件、物质动力；政治文明提供政治保证、制度支持和法律保障；精神文明提供思想保证、精神动力和智力支持；社会文明提供社会秩序基础、社会发展保障和社会组织支持；生态文明提供生态基础、环境条件和丰富自然资源。“五个文明”共同建设，是对人类社会发展趋势的正确回应，是我们党执政理念的又一次升华。只有坚持“五个文明”一起抓，才能真正构建社会主义和谐社会，正确处理中国特色社会主义现代化过程中出现的各种矛盾和问题，走上生产发展、生活富裕、生态良好的中国特色社会主义文明发展道路。

2. 在不同的发展阶段，体现文明发展的不同重点

当前，发展生产力是社会主义现代化建设的第一要务，是社会主义的本质体现，也是整个文明体系发展的基础。现阶段，我国面临经济增长与生态环境保护的矛盾，一方面，经济增长是社会进步和发展的基础；另一方面，生态环境的破坏具有不可逆转的趋势，甚至影响到经济增长。传统的工业化道路走的是一条重物质、轻精神，重经济、轻生态的道路，而这条道路不适合我国社会主义初级阶段的基本国情，尤其不适合我国目前的环境资源状况和工业文明建设的现状。在这种形势下，社会主义生态文明建设是现阶段文明建设的重点。

四　全球视域下生态文明建设的困境

当今世界，各国在生态价值观上虽大致形成共识，但社会主义制度和资本主义制度的并存，使各国在处理具体的生态问题上表现出极大的差异。中国是发展中国家，改善生态环境的愿望强烈，但尚未完成工业化，同时还被迫接受发达国家的污染转移；发达国家更强大的物质基础保护和改善环境，但却利用生态帝国主义转嫁污染，逃避责任。中国作为生态脆弱的发展中国家，只有在全球视域的困境中找到自身发展和生态责任承担的平衡点，才有利于实现生态文明建设的战略目标。

（一）生态帝国主义及其表现

列宁在《帝国主义是资本主义的最高阶段》一书中对帝国主义的本质、基本特征进行了深入分析，并揭示了帝国主义战争的根源。随着资本主义制度自我完善和调节能力的增强，生产力在资本主义制度下有了较广阔的空间，帝国主义也表现出新特征。20 世纪 90 年代，西方右翼势力公然抛出“新帝国主义论”，借西方人权、自由等价值观干涉他国内政，并为自己的军事、政治行动进行辩护。新帝国主义使发达国家和发展中国家矛盾继续深化。在生态问题上，发达国家通过直接的生态侵略，间接的污染产业转移，以环境为借口的政治、经济扩张，以及主导生态话语体系等方式表现出生态帝国主义的特征。

1. 生态帝国主义理论

列宁指出："帝国主义是作为一般资本主义基本特性的发展和直接继续而生长起来的。"① 帝国主义的殖民统治时代虽已终结，却凭借经济全球化对第三世界甚至整个世界格局产生着极大的影响。"二战"后，世界性的资本主义生产体系是建立在不平等的国际经济旧秩序基础上的，国际货币基金组织和世界银行使美国成为霸权之首。学者们用"新帝国主义"定义这种新趋势，以区分传统的殖民主义。萨米尔·阿明的依附理论指出发达国家与发展中国家构成了中心与边缘之间的发展问题。随着中心与边缘收入与福利差距的扩大，两者的冲突将不可避免。

帝国主义无论以怎样的面目出现，它都源于资本主义的本性，服务于资本的增殖需求。人权、自由、平等、生态等普世价值的宣扬，不过是为帝国主义的进一步扩张寻找借口。美国生态学马克思主义者福斯特对帝国主义与资本主义的关系做了现实解读。他认为："帝国主义同以往一样，不仅仅是一种政策，而是源自资本主义发展本质的一种现实体系。"② 帝国主义的扩张向来包含着生态扩张。在旧殖民主义时代，生态扩张是军事、经济扩张的伴生品。在后殖民时代，生态帝国主义成为新帝国主义的一种表现形式。同传统帝国主义相比，新帝国主义通过隐形渗透方式，实现对发展中国家经济、政治、文化、社会、生态全方位的扩张。生态学马克思主义者约翰·贝拉米·福斯特、詹姆斯·奥康纳、戴维·佩珀、高兹等人，以马克思主义理论为依据，指出资本主义制度与"生态理性"的天然对立。发达国家只有对发展中国家进行生态侵略和生态奴役，才能缓解由资本主义制度本身带来的生态矛盾。

2. 生态帝国主义的表现

英国基督教援助组织在一份题为《非自然灾害》的报告中指

① 《列宁选集》第2卷，人民出版社1995年版，第650页。

② ［美］约翰·贝拉米·福斯特：《帝国主义的新时代》，高静宇摘译，《国外社会科学》2004年第3期。

出，在发展中国家发生的、造成成千上万人丧生的与气候有关的灾害大多数是由于西方工业国污染环境造成的。[①] 如今，各国都在谋求可持续发展模式。发达国家将危机转嫁作为可持续发展的重要途径，这是帝国主义思维在生态问题上的新表现。生态帝国主义有如下表现。

第一，直接的生态侵略

发达国家一般通过向发展中国家倾倒洋垃圾、购买廉价自然资源等方式进行直接的生态侵略。首先，发达国家利用发展中国家在环境保护上的法律盲区，直接向发展中国家倾倒洋垃圾。发达国家环境治理成本高，而发展中国家又存在洋垃圾回收处理的利益链，这使洋垃圾的倾倒成为可能。洋垃圾经垃圾处理公司进口后，直接被填埋、回收利用或处理后贴上“中国制造”标签出口。据美国国际贸易委员会的数据，2011 年中国从美国进口的洋垃圾占贸易总额的 11.1%，仅次于农作物、计算机和电子产品、化学品和运输设备。

其次，发达国家向发展中国家廉价购买矿产资源。由于矿产资源分布不均，世界上几乎没有一个国家能够自给自足。矿产资源的战略储备是发达国家的必然选择。美国是世界上矿产资源潜在储量最大的国家，但美国对矿产品的对外依赖程度很高，是世界上矿产品战略储备最早、品种最多、量最大的国家。[②] 发展中国家在自然资源的出口上，难以把握主动权。如稀土是工业“维生素”，是军工行业、高新技术产业广泛应用的战略物资。中国是稀土王国，储量最高，产量占世界 90% 以上。但是中国在交易稀土时，将稀土当成“土”低价销售。由于稀土重要的战略价值，中国稀土交易的价格常常受到发达国家限制。2012 年，美国、日本和欧盟就我国限制包括稀土在内的部分工业原材料出口向 WTO 提出申诉。历经两年，WTO 公布专家组初步裁决中国败诉。中方上诉后，上诉机

① 汤民国：《发达国家污染环境　发展中国家深受其害》，《新闻晚报》2000 年 5 月 17 日。

② 于又华：《发达国家的矿产资源战略》，《黄金科学技术》2004 年第 6 期。

构维持专家裁决，中方表示遗憾。这表明，我国在稀土的出口政策和定价权上受到限制。然而，我国对稀土的开采和交易却付出了沉重的代价。一方面，在发达国家疯狂储备稀土时，我国却因稀土开采破坏地表植被，造成水土流失；另一方面，由于缺乏提炼技术、提纯技术，加上西方人为的市场诱导，我国长期低价出售稀土原料，却高价购进以稀土为原料的元器件甚至整机，将自然资源的巨大优势拱手让出去。①

第二，间接的转移污染产业

20 世纪末 21 世纪初，西方“新左派”掀起反全球化的浪潮。他们认为，现代资本主义只顾经济增长和企业利润，不关心社会福利，甚至破坏生态环境。在全球化进程中，跨国公司、国际组织将这些问题带向全球。在反全球化的抗议中，环保主义者、人权主义者、工会组织卷入其中，形成了一股复杂的思潮。全球化是必然趋势，反全球化思潮虽存在对世界经济发展不利的一面，但这股思潮反对在经济全球化浪潮下，发达国家利用全球贸易的主导权，掌握了在世界范围内配置资源的主导权，对转换传统发展道路有积极意义。

发展中国家是发达国家的“污染避难所”。发达国家通过直接控制的国际垂直分工体系，将资源密集型、劳动密集型产业转移至发展中国家。一方面，它们通过扩大再生产，利用了发展中国家廉价的劳动力和自然资源，获得更多的利润，也净化了本国的生态环境。英国曾是著名的“雾都”，但是经过向第三世界国家转移污染产业，伦敦成为了蓝天白云的金融中心。另一方面，它们将利润带回本国，将污染留在了发展中国家。1984 年印度博帕尔氰化物泄漏事件是发达国家向发展中国家转移高污染产业，并导致严重危害的例证。该事件造成 2.5 万人直接死亡，54 万人间接死亡，20 多万人永久性残废。

第三，以环境为借口进行政治、经济扩张

发达国家通常将经济、政治、外交、军事等作为重要战略予以

---

① http：//finance. sina. com. cn/leadership/mroll/20101115/1132895657. shtml.

通盘考虑。大部分的绿色运动实际上不是绿色运动，而是政治运动。在环境保护背景下，发展中国家工业化和现代化不再具有优先权，发达国家甚至将环境和气候变化作为限制发展中国家经济增长的借口。2009年，美国的“边界调节税”法案提出从2020年起对进口的排放密集型产品征收碳排放税。因高耗能产品出口将成为“碳关税”课税对象，中国政府明确反对“碳关税”。“碳关税”貌似在形式上合法，内容上合理，但是发达国家推行“碳关税”势必影响国际贸易秩序，尤其影响作为“世界工厂”、“制造大国”的中国的商品出口利益。世界银行专家的研究报告显示：“碳关税”将削减发展中国家的制造业出口额，中国较之目前规模会削减五分之一，所有中低收入国家出口额将削减8%。[①] 由此看来，发达国家是在借环境保护之名，行保护本国贸易之实。这显然不符合WTO的基本原则，损害了发展中国家的贸易利益。因此，在面对环境问题时，一方面我们要依赖于科学技术的发展来验证、判断和改善；另一方面我们要认清资本主义大肆鼓吹“全球变暖”的真实意图，即打着生态保护的外衣限制别国发展。[②]

第四，主导生态话语体系

发达国家主导着话语霸权，塑造生态全球共识。在国际贸易中，它们利用“绿色关税”、“绿色市场准入”等话语和规则，人为制造国际贸易的环境壁垒，造成发展中国家制造业的萎缩。其实质是发达国家通过主导的话语霸权，主导国际经济秩序。“生态”、“环境保护”甚至同资产阶级宣扬的，具有普世价值的“自由”、“人权”一样，是资产阶级意识形态的话语工具。

经济全球化将世界各国发展联结成一个整体，任何国家都不能置之度外。全球生态环境的恶化和资源的过度消耗主要责任在于资本主义生产方式的扩张，因此它们应在环境改善方面作出更多的承诺和行动，然而，它们却将矛盾一致指向发展中国家。一方面，发

---

① 王成至：《碳关税的讨论及其实施前景》，《联合早报》2010年7月7日。

② 周光迅、王敬雅：《资本主义制度才是生态危机的真正根源》，《马克思主义研究》2015年第8期。

达国家逃避生态责任，如全球二氧化碳排放量最大的美国以减少温室气体排放会影响美国经济发展之名退出《京都议定书》，之后加拿大退出。另一方面，对于全球生态环境问题，发达国家站在生态道德的制高点，对发展中国家提出严苛的节能减排要求和环境保护标准。在里约联合国环境与发展大会、哥本哈根世界气候大会上，美国等国家不仅否认发达国家应为工业化进程中造成的环境污染埋单，反而要求中国等发展中国家制定更大力度的减排目标。

（二）我国面临的生态国际责任

建立在不公平的国际经济旧秩序上的国际分工为我国生态文明建设设置了障碍。从国际产业分工看，我国处于全球产业链的低端，较大程度依赖于资源密集型、人力资源密集型产业发展经济。国际政治经济旧秩序依然存在，发达国家在工业升级的过程中有意识地将传统的、污染严重的“夕阳产业”向发展中国家转移，并向发展中国家输出垃圾；同时，发达国家还用严苛的标准考核发展中国家的生态状况，使我国面临巨大的国际压力。这些事实充分说明，生态问题绝不是单纯的生态问题，其产生、后果都掺杂着复杂的政治问题。发展中国家想要完全解决生态问题，彻底摆脱不公平的局面，除了自身从经济调节、政策控制、引导、技术支持等方面努力，还要为建立和平、稳定、公正、合理的国际新秩序而努力。中国一直致力于建立国际新秩序，主张建立新型的国际关系。20世纪50年代，周恩来提出的和平共处五项原则一直是我国致力于建立国际新秩序的重要原则，表达了中国人民愿同世界各国一道，为推动建立公正、合理的国际政治经济新秩序，创造一个持久和平和普遍繁荣的新世界而共同努力。

近年来，中国在节能减排、环境保护等方面本着“共同但有区别的责任”原则，履行《联合国气候变化框架公约》和《京都议定书》承诺的义务，愿意在公平合理的基础上，承担与自己发展水平相适应的国际责任与义务，为促进全球环境与发展事业作出应有的贡献。在处理经济发展与生态环境保护的关系上，胡锦涛在

2008年7月9日上午在日本北海道洞爷湖举行的经济大国能源安全和气候变化领导人会议中提出：气候变化国际合作，应该以处理好经济增长、社会发展、保护环境三者关系为出发点，以保障经济发展为核心，以增强可持续发展能力为目标，以节约能源、优化能源结构、加强生态保护为重点，以科技进步为支撑，不断提高国际社会减缓和适应气候变化的能力。

（三）应对生态帝国主义与承担生态国际责任的平衡

生态问题的产生和解决都具有全球性。生态环境的恶化发达国家负主要责任，同时生态问题的产生又与发展中国家的生产方式、生活方式密切相关。保护和改善环境是发展中国家解决民生问题的千秋大业，承担生态国际责任是发展中国家义不容辞的责任。然而，我们面对的现实是发展中国家生态权利和生态责任的不平衡。一方面，我国一直在积极转变经济增长方式，履行保护和改善生态环境的国际责任，做负责任的大国；另一方面，发达国家在推行生态帝国主义，转嫁危机，逃避责任。面对十分明显的生态帝国主义特征，发展中国家同发达国家如何划分生态责任，是世界各国共同致力于改善生态环境的基本前提。

1. 国际新秩序

放眼全球生态，建立和平、稳定、公正、合理的国际新秩序，实现生态正义，是解决这一问题的关键。目前的国际秩序是“二战”后按照美国等少数国家的意愿建立起来的，其实质是发达国家维护其霸权地位的依据。以中国为代表的发展中国家积极参与南南合作、南北对话，致力于建立国际新秩序。习近平总书记在访美时指出，中国要改革和完善现行国家体系，要推动它朝着更加公正合理的方向发展。因此，中国在国际新秩序的构建中，要扮演好建设者的角色，为国际新秩序注入中国力量。

2. 国际环境法

目前，建立国际新秩序，发展中国家还面临很大的困难。但是，近年来由于发展中国家的积极推进，贯彻国际环境“共同责任”的原则，国际环境法成为当代国际法研究中的新领域。1972年在斯德哥尔摩举行的联合国人类环境会议拉开了国际环境法制定和研究的序幕。之后，各国以斯德哥尔摩《联合国人类环境会议宣言》为前提，制定了各领域的环境保护原则、公约等。1982年联合国大会通过了《世界自然宪章》，重申了《联合国人类环境会议宣言》的原则。

3. 生态社会主义

生态帝国主义是生态学马克思主义者提出的概念，它以生态学马克思主义理论为基础。生态学马克思主义者论证了资本主义制度的反生态本性，同时指出由发达国家主导的经济全球化又将资本与生态的矛盾带到全球。生态主义与社会主义的结合是对抗生态帝国主义的重要形式。但是目前生态主义者在更大程度上受无政府主义的影响，许多绿色分子不相信马克思主义和社会主义。生态学马克思主义者戴维·佩珀认为要对历史和变革采取唯物主义的态度，把共产主义视为认知共同体。“要更多地把马克思主义的分析带进生态主义的主流中，而且使其摆脱它的无政府主义的自由方面，转而支持更多的共产主义和工联主义——无政府主义传统。”①

五　马克思恩格斯生态文明思想、生态学马克思主义与生态社会主义

（一）生态社会主义与生态学马克思主义的关系

生态社会主义与生态学马克思主义之间有着密切联系。关于两者的关系，学术界大致有四种观点。第一种观点以复旦大学陈学明教授、中南财经政法大学王雨辰教授为代表，他们认为生态学马克思主义与生态社会主义是两个不同的概念，后者包括前者。在生态社会主义阵营中，只有具有强烈马克思主义倾向的左翼才能称之为

---

① ［美］戴维·佩珀：《生态社会主义：从深生态学到社会主义》，刘颖译，山东大学出版社2012年版，第266页。

生态学马克思主义者。第二种观点认为生态学马克思主义与生态社会主义属同一派别，其主要区别在于前者倾向于理论的研究，后者倾向于实践。第三种观点以中央编译局的刘仁胜为主要代表，他们认为生态学马克思主义是生态社会主义的一个发展阶段。这种观点以20世纪90年代为界，90年代之前的生态社会主义具有社会民主主义的特征，90年代之后的生态社会主义具有马克思主义的特征。第四种观点认为生态社会主义不仅不是马克思主义的，甚至与马克思主义是格格不入的。

本书持第一种观点，认为在生态社会主义阵营中，坚持马克思主义的理论和方法，沿袭西方马克思主义根据时代变化而重构马克思主义理论传统的左翼属于生态学马克思主义者。本书认为第二种观点的不妥之处在于生态社会主义是在西方生态运动和生态政党的发展下形成的。在生态社会主义发展的过程中，一些政党逐渐“红化”，与生态学马克思主义融合，并表现出理论与实践并重的特征。第三种观点的不妥之处在于生态学马克思主义是产生于西方马克思主义的一个流派，与法兰克福学派有着重要的思想渊源。它初步发展于20世纪60年代，与西方生态运动兴盛时期大致相同，因此不可能是生态社会主义发展的一个阶段。第四种观点认为生态学马克思主义与生态社会主义毫无关联的观点也是不妥的，因为生态社会主义包含了形形色色的，不同政治目的的党派和各类人士，生态学马克思主义是其重要的一支。

（二）几种生态文明思想的比较

1. 研究目的和研究任务比较

马克思恩格斯生态文明思想从人类社会生产方式、社会制度中寻找生态危机产生的根源，并提出解决生态危机的最终途径。西方社会生态文明思想普遍带有功利主义、实用主义色彩以及浓厚的资产阶级意识形态。他们研究生态危机的目的在于解决资本主义社会众多危机中的一种，其目的在于缓和社会矛盾，巩固资本主义制度，确保资本主义社会不断向前发展。

生态学马克思主义丰富了马克思恩格斯的生态文明思想。在对待生态危机的根源这一问题上，生态学马克思主义者坚定地认为，资本主义的生产方式是生态危机产生的根源；对资本主义生产方式的变革是解决生态危机的根本途径。这一回答明确地表明了生态学马克思主义的研究任务和研究目的。生态学马克思主义者的研究是从资本主义生态问题、生态危机出发，但是他们又不仅限于在资本主义制度内部探讨生态问题，而是将生态问题放在人类社会发展的历史中加以思考。资本主义社会只是他们研究视野中的一小段，他们关注的是整个人类的发展。他们的研究目的在于将资本主义生态危机作为打破资本主义制度的突破口，通过解决生态危机而结束资本主义的统治。可以说，生态学马克思主义者沿袭了马克思主义的研究方法和对资本主义社会的批判精神，探寻整个人类社会发展的普遍规律和绝对本质；同时，生态学马克思主义者又沿袭了西方马克思主义根据时代条件的变化而重构马克思主义理论的传统。他们认为生态危机是当代资本主义危机的主要表现形式，资本主义制度、资本主义生产方式以及资本主义制度下人与自然的异化状态是导致生态危机的根源。这一思想的实质与马克思主义理论的精髓相同。所以，生态学马克思主义“既是西方马克思主义发展的新形态，同时又应当被归属于马克思主义阵营中”①。

生态社会主义思潮试图用包括社会主义理论在内的各种理论解释当代社会的生态危机，从而为克服人类生存危机寻找一条新的现实出路。生态社会主义虽然包含有社会主义理论，且有清晰的政治轮廓和目标，但是它仍然不能归属于科学社会主义。因为生态社会主义内部有无政府主义者、后现代主义者、环境主义者等众多怀着不同信仰和政治目的人。这些形形色色的人在生态社会主义的阵营中缺乏统一的社会理想，提不出可行的社会政策，只能采取倒退的策略，试图用无政府主义的实践来解决生态危机。这种思想的本质

① 王雨辰：《生态批判与绿色乌托邦——生态学马克思主义理论研究》，人民出版社2009年版，第11页。

在于维持资本主义的统治现状和统治地位。

2. 研究方法比较

马克思恩格斯生态文明思想站在历史唯物主义的立场上，研究人类社会发展过程中人与自然相异化的历史，从生产力和生产关系的高度提出生态危机产生的根源和最终解决途径。马克思恩格斯运用辩证唯物主义的基本方法，辩明人类社会文明发展的历程受否定之否定规律支配，体现出前进性与曲折性相统一、规律性与多样性相统一的状态，并提出解决生态危机、推动人类文明进步要体现出尊重客观规律与发挥主观能动性相统一的科学方法；他们运用劳动实践这一中介，将人与自然的关系纳入人与人之间的关系中，明确提出要变革整个社会生产方式来实现消除生态危机的历史途径。

生态学马克思主义者的研究继承了马克思主义的研究范式。首先，他们在历史唯物主义的框架下，得出异化关系的存在是生态危机产生的根源，消除异化是克服生态危机的历史途径。他们在人与人的关系中，在社会制度、生产方式的视角下讨论生态危机的产生及消除，着眼于通过社会制度和社会生产方式的变革来改善生态环境。这符合马克思主义的研究范式。其次，生态学马克思主义者始终运用唯物史观的历史分析法和阶级分析法研究生态危机产生的根源、解决的途径，其主要特征是将生态问题纳入到人与人的关系范畴中，主张在社会历史中寻找人与自然矛盾的根源，同时提出只有在“现实王国”中，通过实践才能最终解决人与自然之间的矛盾。该范式符合科学社会主义的研究范式。

生态学马克思主义始终运用马克思主义的批判精神。首先，他们在对生态的批判中始终贯穿着对资本主义生产方式、资本主义价值观的批判。如：福斯特批判了资本主义唯利是图、为个人谋利益的生产方式，势必造成自然资源的快速消耗和环境污染的日益加重；安德烈·高兹批判资本主义崇尚的“经济理性”与“生态理性”对立。其次，他们展开了对技术异化、消费异化等的批判。大多数的生态学马克思主义者认为技术是中立的，是“技术的资本主义使用”造成了技术的异化，从而导致生态危机。至于异化消费，则是资本主义生产的剩余产品造成的虚假需求，诱导无产阶级用商品补偿劳动力付出而产生的不足。

生态学马克思主义继承并发展了马克思主义的基本理论。首先，生态学马克思主义者运用并发展了马克思主义的异化理论。马克思主义的异化理论认为在资本主义社会，社会关系被物质关系驾驭，人被物、被财富奴役。生态学马克思主义者一方面沿袭了这一传统，研究资本主义社会整体的异化现象，同时强调在资本主义社会中，一些不具备意识形态的中立物质在资本主义的使用下被异化。他们认为科学技术异化和消费异化是资本主义制度的产物。传统西方哲学认为技术倒退或进步，减少消费就能克服生态危机的思想忽略了资本主义制度这一基本前提。其次，生态学马克思主义者继承了马克思主义人的本质理论。从总体上讲，他们致力于在改造生产方式的基础上，通过实现人与人之间的和谐来实现人与自然之间的和谐，从而实现人的自由而全面发展。在具体的策略上，他们还提出了要通过激进的方式，使生态运动走向激进的社会运动，以改变社会生产方式。

生态社会主义是在生态运动和生态政党的基础上发展形成的一大思潮。因此，生态社会主义有着重实践、轻理论的特征。在生态社会主义阵营中，各种政治派别林立，导致生态社会主义理论体系较为粗糙，内容不够系统，研究方法统一性不强。生态社会主义者的研究立足现实，主张超越马克思的经济危机理论。他们认为，经济危机理论高估了19世纪末开始的资本主义危机的严重性，对资本主义控制这种危机的能力估计不足。同时，经济危机理论过分强调生产领域内的生产剩余，而忽视了对消费领域内的异化现象的考察。所以已经不适应当今资本主义的实际情况。在当今，由资本主义生产方式造成的生态危机的不可控性反而是马克思恩格斯所忽视的，消费领域中的种种异化现象也是他们始料未及的。所以，生态社会主义者主张在实践活动中，以生态危机为矛盾突破口。通过非暴力和基层民主等途径，如生态运动、女权运动、民权运动等力量，同时与马克思主义的工人运动相结合，解决生态危机。可以说，生态社会主义阵营中的一些党派虽有解决生态危机的志向，但他们的生态运动更多地承载着形形色色的政治目标，甚至将“绿色”、“红色”当作口号、托词。这与马克思主义、生态学马克思主义的生态文明思想大相径庭。

3. 研究内容比较

马克思恩格斯的生态文明思想继承和发展了黑格尔的辩证自然观和费尔巴哈的自然唯物主义，形成了辩证唯物主义的自然观。马克思和恩格斯还从历史唯物主义视角，运用研究生态文明的基本方法——唯物辩证法，探讨了资本主义生态危机产生和消除的历史途径。辩证唯物主义自然观、历史唯物主义的生态视域、唯物辩证法相辅相成，共同构建了马克思恩格斯的生态文明思想。

生态学马克思主义开启了历史唯物主义理论的生态视域。他们反对抽象地批判“人类中心主义”价值观，反对环境主义将科学技术和工业化归结为生态危机的罪魁祸首。在解决生态危机的思路上，他们既不同于绿色政党要求在资本主义制度框架内解决问题，也不同于生态社会主义打着社会主义的旗号，否定资本主义的基本矛盾。生态学马克思主义者从马克思恩格斯的经典文献中，研究了他们关于生态文明的观点和论述，对生态文明思想进行了挖掘、整理和研究。他们的研究自始至终站在唯物史观的立场上，认为唯物史观内在地包含着生态观，从而为历史唯物主义开启了生态学的视域。

“生态学马克思主义坚持用历史唯物主义的历史分析法和阶级分析法来探讨当代生态危机的根源及其解决途径，形成了以制度维度、哲学价值观维度和政治维度三者辩证统一的生态文明理论。”① 从制度维度看，生态学马克思主义者把资本主义制度和生产方式看作当代生态危机产生的根源，从而提出资本主义“经济理性”是反生态的观点，只有变革资本主义的生产方式才能彻底解决生态危

① 王雨辰：《论生态学马克思主义与我国的生态文明理论研究》，《马克思主义研究》2011 年第 3 期。

机。生态学马克思主义者这一观点的提出说明他们对生态问题的认识不局限于人与自然关系的表面，而看到了社会生产方式造成人与自然矛盾关系的实质。这一点是生态学马克思主义者与其他西方绿色学派或者绿色党派的根本区别。从哲学价值观维度看，生态学马克思主义者鲜明反对“生态中心主义”的“生态价值论”和“生态权利论”，其实质是坚持了马克思主义的实践论，强调只有人才能作为价值和权利的主体。他们还以此为依据，断然否定了“生态中心主义”将生态危机的根源归结于“人类中心主义”价值观的错误思想，指出这种思想存在的目的在于否定资本主义生产方式是生态危机的根源的实质。在此基础上，他们赋予了“人类中心主义”新的含义。在批判资本主义社会的异化技术观、异化消费观、异化幸福观等的基础上，他们明确提出了“以人为本”、“建立在集体的长期利益和穷人的基本需要基础上的人道主义”的生态价值观。从政治维度看，生态学马克思主义者主张把生态运动同社会主义运动有机结合起来，在解决生态危机问题上形成反对资本主义的统一战线，最终建立生态社会主义社会。可见，生态学马克思主义的研究内容是符合历史唯物主义的基本主张的，且发展了马克思恩格斯的生态文明思想。生态学马克思主义者还提出了解决生态危机的政治主张。他们从价值观的变革和社会结构的变革两个方面来阐述政治主张。如他们倡导“以人为本”的理性的“人类中心主义”价值观，提出将生态运动与社会主义运动有机结合的激进运动，但是这些主张都因为生态学马克思主义缺乏丰富的实践经验和相应的政治地位而成为空想。

在生态运动和生态政党的基础上形成的生态社会主义思潮，研究内容主要来源于生态运动和政党执政的实践。首先，他们强化了对执政地位的关注，获得执政地位后加强了对生态环境政策的制定及实现生态环境政策的执行策略的研究。其次，研究内容关注“绿色”运动走向“红化”，即生态运动、生态政党如何与工人阶级以及无产阶级运动相结合等。由于生态社会主义的研究缺乏统一的理论指导，思潮阵营内派别林立，且有着不同的政治目标，导致他们的研究内容零散、缺乏体系。

4. 研究价值与局限性比较

马克思恩格斯的生态文明思想开辟了用生产方式、社会制度探讨生态危机的新视野，科学认识了生态危机的成因，正确提出了解决生态问题的历史途径。他们的生态文明思想从人类社会发展的历史高度，将人类发展模式上升到优化延续的高度思考，奠定了新型文明观的基础。他们的研究还为研究其他社会发展问题提供了科学的视角和方法，明确了解决人类社会发展过程中各种矛盾的根本途径，即：在生产力和生产关系的矛盾运动中追求人与自然、人与人之间关系的和谐，从而实现人的自由而全面发展。

生态学马克思主义作为西方社会研究生态问题的重要派别、西方马克思主义的主要派别和马克思主义的继承和发展者，他们的研究对生态文明建设的推进有着重要的历史意义。第一，生态学马克思主义继承了马克思主义的理论、方法和价值取向。“20 世纪最伟大的科学发现是人类对自己生存危机的发现。正是有了这个发现，人们才提出了可持续发展的问题。”[①] 西方的生态学马克思主义者最大的理论贡献在于，他们富有说服力地告诉整个人类，马克思主义的唯物史观所引出的生态世界观是当今世界唯一能指引人们消除生态危机，建设生态文明，实现可持续发展的思想武器。在学术精神上，“生态学马克思主义继承了西方马克思主义的批判学术传统，它在本质上是一种以生态批判为切入点的当代资本主义社会批判理论”[②]。生态学马克思主义坚持社会主义的价值取向，把生态危机产生根源直指资本主义的生产方式，认为克服生态危机必须消灭资本主义制度，建立生态公正、和谐发展的社会主义制度。生态学马克思主义杰出的思想贡献使它们成为西方马克思主义中“最有影响

---

① 刘鸿亮、曹凤中：《解放思想 建立新的思维模式实现从工业文明到生态文明的跨越》，《环境保护》2008 年第 11 期。

② 王雨辰：《作为社会批判理论的生态学马克思主义》，《江苏社会科学》2010 年第 5 期。

的一个派别”，甚至可以说“代表了当代马克思主义的演变方向”①。第二，生态学马克思主义对当代资本主义的批判既有利于我们对当代资本主义的新变化的认识，又有利于我们在社会主义现代化建设的过程中避免出现类似西方的现代性问题。生态学马克思主义在面对生态问题时，坚定地站在历史唯物主义的阵地上，敢于打破资本主义的历史牢笼，将矛头直指资本主义的生产方式，在人类发展的历史长河中寻求问题的解决思路。他们的研究为现代社会各种矛盾的解决提供了范本。

生态学马克思主义为寻求人类社会的发展途径作出了卓越学术贡献，但仍存在历史的局限性。首先，生态学马克思主义在理论上有着明显的缺陷。如：莱斯、阿格尔等用生态危机理论取代经济危机理论，以人与自然的矛盾取代资本主义的基本矛盾，偏离了马克思主义的基本理论和基本宗旨。大部分生态学马克思主义者还主张用分散的小生产代替现代化的大生产，以“小科技”代替“大科技”。这是一种否定发展的“倒退论”。其次，他们缺乏对实践途径的具体探索，致使理论流于空想。王雨辰教授用“绿色乌托邦”一针见血地指出了生态学马克思主义者理论的局限性。他们虽然提出了变革资本主义制度和消费主义的价值观，但是他们并无具体途径的论述；虽然提出了将生态运动和社会主义有机结合的政治主张，并提出了资本主义社会“民主化”、“非官僚化”的政治手段，但是他们没有提出实施这些手段的主体，没有提出资本主义社会政治变革与现代文明对接的具体方式等，所以他们的理论并没有回到实践、落脚于现实，只能是空想。造成“绿色乌托邦”的根源在于资本主义社会的“反生态”本性，导致西方社会缺乏生态运动实践的基础和条件，这也是整个西方马克思主义理论只能流于空想的根源。

生态政党与生态社会主义的时代价值表现在，他们强调在实践

---

① 俞吾金、陈学明：《国外马克思主义哲学流派新编 西方马克思主义卷》（下册），复旦大学出版社 2002 年版，第 578 页。

过程中实现生态理想，并通过获得执政地位等方式执行生态环境的管理，实施生态政策。这样的实践的基础恰恰是马克思主义理论发展所需要的。尽管这种实践还是初步的、小范围的，但是为马克思恩格斯生态文明思想的发展提供了实践经验。生态政党和生态社会主义的历史局限性也显而易见。由于缺乏统一的理论基础和统一的政治目标，他们对生态文明的理论贡献是不可能影响深远的，他们的实践也会因为缺乏统一理论的指导而无法留下深刻的历史烙印。

参考文献

[1]《马克思恩格斯全集》第1卷，人民出版社1956年版。
[2]《马克思恩格斯全集》第2卷，人民出版社1957年版。
[3]《马克思恩格斯全集》第3卷，人民出版社2002年版。
[4]《马克思恩格斯全集》第7卷，人民出版社1959年版。
[5]《马克思恩格斯全集》第19卷，人民出版社1963年版。
[6]《马克思恩格斯全集》第20卷，人民出版社1971年版。
[7]《马克思恩格斯全集》第35卷，人民出版社1971年版。
[8]《马克思恩格斯全集》第38卷，人民出版社1972年版。
[9]《马克思恩格斯全集》第42卷，人民出版社1979年版。
[10]《马克思恩格斯全集》第46卷（上），人民出版社1979年版。
[11]《马克思恩格斯全集》第46卷（下），人民出版社1972年版。
[12]《马克思恩格斯全集》第47卷，人民出版社1979年版。
[13]《马克思恩格斯选集》第1—4卷，人民出版社1995年版。
[14][德]马克思：《资本论》第1—3卷，人民出版社2004年版。
[15][德]马克思：《1844年经济学哲学手稿》，人民出版社2000年版。
[16][德]马克思：《机器、自然力和科学的应用》，人民出版社1978年版。
[17]《列宁全集》第36卷，人民出版社1963年版。

[18]《列宁选集》第1—4卷，人民出版社1995年版。
[19]《毛泽东选集》第1—4卷，人民出版社1991年版。
[20]《毛泽东文集》第1—7卷，人民出版社1999年版。
[21] 中共中央文献研究室、国家林业局:《毛泽东论林业》(新编本)，中央文献出版社，2003年版。
[22]《周恩来年谱1949—1976》下卷，中央文献出版社1997年版。
[23]《邓小平文选》第1卷，人民出版社1994年版。
[24]《邓小平文选》第2—3卷，人民出版社1993年版。
[25]《邓小平年谱》上册，中央文献出版社2004年版。
[26]《邓小平年谱》下册，中央文献出版社2004年版。
[27]《江泽民文选》第1—3卷，人民出版社2006年版。
[28]《江泽民论有中国特色社会主义(专题摘编)》，中央文献出版社2002年版。
[29] 胡锦涛:《高举中国特色社会主义伟大旗帜　为夺取全面建设小康社会新胜利而奋斗》，人民出版社2007年版。
[30] 胡锦涛:《坚定不移沿着中国特色社会主义道路前进　为全面建成小康社会而奋斗》，人民出版社2012年版。
[31]《习近平谈治国理政》，外文出版社2014年版，第210页。
[32]《建国以来重要文献选编》第6册，中央文献出版社1993年版，第56页。
[33]《十六大以来重要文献选编》中，中央文献出版社2006年版，第696页。
[34]《十六大以来重要文献选编》下，中央文献出版社2008年版，第599页。
[35] 中共中央文献研究室:《习近平关于全面深化改革论述摘编》，中央文献出版社2014年版，第103页。
[36] 中共中央文献研究室:《新时期环境保护重要文献选编》，中央文献出版社2001年版，第207页。
[37] 薄一波:《若干重大决策与事件的回顾》下卷，中共中央党

校出版社 1993 年版。
[38] 彭珮云主编：《中国计划生育全书》，人口出版社 1997 年版。
[39] 李文海：《历史并不遥远》，中国人民大学出版社 2004 年版。
[40] 顾海良、梅荣政：《马克思主义发展史》，武汉大学出版社 2006 年版。
[41] 陈学明：《生态文明论》，重庆出版社 2008 年版。
[42] 俞吾金、陈学明：《国外马克思主义哲学流派新编 西方马克思主义卷》下册，复旦大学出版社 2002 年版。
[43] 王雨辰：《生态批判与绿色乌托邦——生态学马克思主义理论研究》，人民出版社 2009 年版。
[44] 衣俊卿：《西方马克思主义概论》，北京大学出版社 2008 年版。
[45] 刘仁胜：《生态马克思主义概论》，中央编译出版社 2007 年版。
[46] 王宏斌：《生态文明与社会主义》，中央编译出版社 2011 年版。
[47] 杜秀娟：《马克思主义生态哲学思想历史发展研究》，北京师范大学出版社 2011 年版。
[48] 解保军：《生态学马克思主义名著导读》，哈尔滨工业大学出版社 2014 年版。
[49] 舒远招：《德国古典哲学——及在后世的影响和传播》，湖南师范大学出版社 2005 年版。
[50] 韩立新：《环境价值论》，云南人民出版社 2005 年版。
[51] [德] 黑格尔：《美学》第 1 卷，天津人民出版社 2009 年版。
[52] [德] 黑格尔：《自然哲学》，商务印书馆 1980 年版。
[53] [美] 詹姆斯·奥康纳：《自然的理由：生态学马克思主义研究》，唐正东、臧佩洪译，南京大学出版社 2003 年版。
[54] [美] 约翰·贝拉米·福斯特：《生态危机与资本主义》，耿建新、宋兴无译，上海译文出版社 2006 年版。
[55] [法] 安德烈·高兹：《社会主义、资本主义和生态学》，

Verso 出版社 1994 年版。

[56] [美] 丹尼尔·科尔曼：《生态政治：建设一个绿色社会》，上海世纪出版集团 2006 年版。

[57] [加] 本·阿格尔：《西方马克思主义概论》，慎之等译，中国人民大学出版社 1991 年版。

[58] [英] 戴维·佩珀：《生态社会主义：从深生态学到社会正义》，刘颖译，山东大学出版社 2005 年版。

[59] [日] 岩佐茂：《环境的思想——环境保护与马克思主义的结合处》，韩立新等译，中央编译出版社 2006 年版。

[60] [美] 巴里·康芒纳：《封闭的循环——自然、人和技术》，侯文蕙译，吉林人民出版社 1997 年版。

[61] [英] 安德鲁·多布森：《绿色政治思想》，郇庆治译，山东大学出版社 2005 年版。

[62] [美] 赫伯特·马尔库塞：《单向度的人》，上海世纪出版集团 2008 年版。

[63] [加] 威廉·莱斯：《自然的控制》，重庆出版社 1993 年版。

[64] [英] 戴维·麦克莱伦：《马克思以后的马克思主义》，王珍译，中国人民大学出版社 2008 年版。

[65] Gorz Andre. *Ecology as Politics*. London: Plu to Press Limited, 1980.

[66] Foster. *Marx's Theory of Metabolic Rift*. American Journal of Sociology, 1999.

[67] Paul Burket. *Marxism and ecological economics : toward a red and green political economy*. Boston: Brill, 2006.

[68] 温家宝：《让科技引领中国可持续发展》，《中国科学院院刊》2010 年第 25 卷第 1 期。

[69] 张高丽：《推进生态文明，努力建设美丽中国》，《求是》2013 年第 25 期。

[70] 周生贤：《走向生态文明新时代——学习习近平同志关于生态文明建设的重要论述》，《求是》2013 年第 17 期。

[71] 郭克莎:《中国工业化的进程、问题与出路》,《中国社会科学》2000 年第 3 期。
[72] 万俊人:《美丽中国的哲学智慧与行动意义》,《中国社会科学》2013 年第 5 期。
[73] 潘岳:《生态文明是社会文明体系的基础》,《中国国情国力》2006 年第 10 期。
[74] 胡鞍钢:《中国环境十大危机》,《发现》1997 年第 3 期。
[75] 厉以宁:《经济学的伦理问题——效率与公平》,《经济学动态》1996 年第 7 期。
[76] 邓坤金、李国兴:《简论马克思主义的生态文明观》,《哲学研究》2010 年第 5 期。
[77] 韩民青:《21 世纪的全球文明走向》,《哲学研究》2000 年第 1 期。
[78] 王雨辰:《略论我国生态文明理论研究范式的转换》,《哲学研究》2009 年第 12 期。
[79] 周光迅、胡倩:《从人类文明发展的宏阔视野审视生态文明——习近平对马克思主义生态哲学思想的继承与发展论略》,《自然辩证法研究》2015 年第 41 期。
[80] 王雨辰:《论生态学马克思主义与我国的生态文明理论研究》,《马克思主义研究》2011 年第 3 期。
[81] 周光迅、王敬雅:《资本主义制度才是生态危机的真正根源》,《马克思主义研究》2015 年第 8 期。
[82] 常庆欣:《市场估价的缺陷:劳动价值论的生态经济学含义》,《马克思主义研究》2010 年第 11 期。
[83] 方世南:《社会主义生态文明是对马克思主义文明系统理论的丰富和发展》,《马克思主义研究》2008 年第 4 期。
[84] 侯文蕙:《20 世纪 90 年代的美国环境保护运动和环境保护主义》,《世界历史》2000 年第 6 期。
[85] 龚万达、刘祖云:《生态环境也是生产力——学习习近平关于生态文明建设的思想》,《教学与研究》2015 年第 3 期。

[86] 李玉峰：《习近平关于生态文明建设的思想略论》，《思想理论教育导刊》2015 年第 6 期。
[87] 张占斌：《中国经济新常态的趋势性特征及政策取向》，《国家行政学院学报》2015 年第 1 期。
[88] 卢风：《生态文明与新科技》，《科学技术哲学研究》2011 年第 4 期。
[89] 杨文举：《中国地区工业的动态环境绩效：基于 DEA 的经验分析》，《数量经济技术经济研究》2009 年第 6 期。
[90] [美] 大卫·格里芬：《全球民主和生态文明》，弭维译，《马克思主义与现实》2007 年第 6 期。
[91] [美] 约翰·贝拉米·福斯特：《帝国主义的新时代》，高静宇摘译，《国外社会科学》2004 年第 3 期。
[92] 周穗明：《生态社会主义述评》，《国外社会科学》1997 年第 4 期。
[93] 陈学明：《在马克思主义指导下进行生态文明建设》，《江苏社会科学》2010 年第 5 期。
[94] 王雨辰：《作为社会批判理论的生态学马克思主义》，《江苏社会科学》2010 年第 5 期。
[95] 郇庆治：《从抗议党到议会党：西欧绿党的新发展》，《山东大学学报》（哲学社会科学版）1998 年第 2 期。
[96] 郇庆治：《欧洲执政绿党：政策与政治影响》，《欧洲研究》2004 年第 4 期。
[97] 钟远平、郭晓林：《生态文明的社会发展导向探析》，《学校党建与思想教育》2011 年第 2 期。
[98] 张晓第：《生态文明：工业文明发展的必然结果》，《经济前沿》2008 年第 4 期。
[99] 杨文举：《基于 DEA 的生态效率测度——以中国各省的工业为例》，《科学、经济、社会》2009 年第 3 期。
[100] 包庆德、王金柱：《生态伦理及其价值主体定位——从〈新华文摘〉文献反响看生态哲学的研究进展》，《北京航空航天大

学学报》（社会科学版）2005 年第 3 期。
[101] 王金南、蒋洪强、张惠远、葛察忠：《迈向美丽中国的生态文明建设战略框架设计》，《环境保护》2012 年第 12 期。
[102] 刘鸿亮、曹凤中：《解放思想 建立新的思维模式实现从工业文明到生态文明的跨越》，《环境保护》2008 年第 11 期。
[103] 李志青：《经济新常态，是环境新常态吗》，《环境经济》2015 年第 2 期。
[104] 朱小静：《代际公平的理论依据及其法律化之途径》，《环境与可持续发展》2008 年第 4 期。
[105] 于又华：《发达国家的矿产资源战略》，《黄金科学技术》2004 年第 6 期。
[106] 鄂竟平：《中国水土流失与生态安全综合科学考察总结报告》，《中国水土保持》2008 年第 12 期。
[107] 龚绍东：《现阶段中国工业化进程和新型工业化发展状况》，《企业活力》2008 年第 3 期。
[108] Peter Mclaren, Donna Houston. Revolutionary Ecologies: Ecosocialism and Critical Pedagogy. *Educational Study*, 2004 (8).
[109] Andrea Migone. Hedonistic Consumerism: Patterns of Consumption in Contemporary Capitalism. *Review of Radical Political Economics*, 2007 (39).
[110] 周恩来：《关于发展国民经济的第二个五年计划的建议的报告》，《人民日报》1956 年 9 月 19 日。
[111] 胡锦涛：《推进合作共赢，实现持续发展》，《人民日报》2004 年 11 月 21 日。
[112] 胡锦涛：《在省部级主要领导干部提高构建社会主义和谐社会能力专题研讨班上的讲话》，《人民日报》2005 年 6 月 27 日。
[113] 胡锦涛：《在新进中央委员会的委员、候补委员学习贯彻党的十七大精神研讨班上的讲话》，《人民日报》2007 年 12 月 17 日。
[114] 孙承斌、李亚杰：《坚定不移高举中国特色社会主义伟大旗

帜　扎扎实实把党的十七大精神学习好贯彻好》，《人民日报》2007 年 12 月 18 日。

[115] 胡锦涛：《精心谋划　周密组织　突出重点　狠抓落实　切实贯彻全面建设小康社会奋斗目标的新要求》，《光明日报》2008 年 1 月 31 日。

[116] 单向前、孟西安：《江泽民在陕西考察工作强调结合新实际大力弘扬延安精神开创新世界改革发展生动局面》，《光明日报》2002 年 4 月 3 日。

[117]《光明日报》编辑部：《为什么要在“新四化”之后增加“绿色化”》，《光明日报》2015 年 5 月 6 日。

[118] 邓海英、孙存良：《打造生态文明建设新常态》，《经济日报》2015 年 3 月 7 日。

[119] 徐春：《生态文明是科学自觉的文明形态》，《中国环境报》2011 年 1 月 24 日。

[120] 朱敏：《基于工业化指数的我国工业化进程判断》，《中国经济时报》2010 年 3 月 24 日。

[121] 汤民国：《发达国家污染环境　发展中国家深受其害》，《新闻晚报》2000 年 5 月 17 日。

[122] 王成至：《碳关税的讨论及其实施前景》，《联合早报》2010 年 7 月 7 日。

[123]《2015 年统计年鉴》（file：///C：/Users/user/Desktop/2015/中国统计 15 光盘 – 网页展开版 1231/indexch. htm）。

后　记

本书写作之时，正是生态文明建设步入新常态之时。中国特色社会主义理论有马克思主义的实践品质。实践每前进一步，理论创新就跟进一步。十八大以来，习近平总书记对生态文明建设提出了一系列新思想、新论断、新要求，升华了中国特色社会主义生态文明思想。理论的不断发展增加了研究的难度，学养不足、研究能力的欠缺常常使我落笔时诚惶诚恐。

本研究从人与自然的关系入手。辩证唯物主义自然观和唯物史观是研究人与自然关系的理论根基，马克思恩格斯生态文明思想是中国特色社会主义生态文明思想的渊源。抓住这些根本性问题，我的研究和写作才有了清晰的线索，努力跟上理论和实践发展的需要。

我的博士论文“马克思恩格斯生态文明思想在中国的实践研究”为本书的写作奠定了研究基础。深深感谢我的导师武汉大学马克思主义学院孙居涛、李楠教授对我的悉心指导，感谢武汉大学马克思主义学院丁俊萍、石云霞、袁银传、孙来斌教授对我的学术帮助。本书的出版得到了重庆工商大学学术专著出版基金和重庆工商大学博士科研启动经费项目资助。中国社会科学出版社马克思主义理论出版中心田文编辑为本书的出版付出了辛勤劳动。谨在此一并致以诚挚的感谢。

书中的缺点、错误，皆因本人而成，与他人无关。敬请专家学者批评指正，本人不胜感激！

龙睿赟

2016 年 4 月 10 日